高职高专"十三五"建筑及工程管理类专业系列规划教材

模型设计与制作

主　编　李君宏　刘　凯

主　审　杨丽君

西安交通大学出版社
XI'AN JIAOTONG UNIVERSITY PRESS

内 容 提 要

　　本书详细介绍了模型设计与制作的方式方法，为学生学习模型制作奠定了良好基础。对现代模型进行了详细的分析和发展趋势的展望，同时也对模型的历史进行了深入研究。通过本书的学习，使学生对模型设计与制作有更全面的了解和认识，也能够使学生对模型的制作工艺和材料进行更加全面的熟悉和掌握。

　　全书共九章，主要包括导论、模型概述、模型材料及其加工处理、模型制作工具、设备及其使用、建筑模型制作、模型制作的前期工作、模型的制作、模型的后期工作、模型设计制作训练等内容，内容充实详尽。

　　本书可作为普通高等院校和高职高专院校的建筑设计、室内设计、城规设计的必备教材，同时也可以作为模型设计与制作爱好者、模型制作企业的参考资料。

前言 Preface

在飞速发展的今天,作为建筑业、室内设计与规划行业等设计表现手法之一的模型设计与制作进入到了一个全新的阶段。因此,在艺术类和建筑装饰类专业的教学中,也更加重视学生在模型设计与制作方面的能力培养。模型的直观性和表现性很强,它结合其他表现手段之长、补其所短,有机地将形式与内容完美地结合在一起,以其独特的形式向人们展示出一个立体的视觉形象。

本教材知识涵盖面广,针对性强,并配有大量的图片和案例,内容通俗易懂。为了提高学生的自主创新能力和动手能力,本书在内容方面以"实践为主导,理论为指导,理论实践相结合"作为编写的主要前提,详细介绍了模型制作与设计的方式方法,为学生们学习模型制作奠定了良好的基础。对现代模型进行了详细的分析和发展趋势的展望,同时也对模型的历史进行了深入的研究。通过对本书的学习,可以使学生学习到如何提高动手能力和对材料性能、加工工艺的认识,使学生对室内空间、建筑规划形象塑造的实际尺寸、要求能合理把握。在注重理论与实践相结合的同时,培养学生由二维图形向三维空间转换的能力以及三维空间模型制作的能力。

全书共九章内容,具体包括:导论,模型概述,模型材料及其加工处理,模型制作工具、设备及其使用,建筑模型制作,模型制作的前期工作,模型的制作,模型的后期工作,模型设计制作训练。内容充实详尽,表述准确,是高职院校的建筑设计、室内设计、规划设计的必备教材,同时也可以为模型设计与制作的爱好者或模型制作的企业提供有价值的参考资料。

本书由甘肃建筑职业技术学院李君宏教授、刘凯担任主编,由甘肃建筑职业技术学院杨丽君教授担任主审。具体编写情况如下:第一章、第二章由李君宏教授编写,第三章至第九章由刘凯老师编写。

鉴于水平与经验所限,书中疏漏及不妥之处在所难免,恳请读者批评指正。

编 者

2017.8

目录 Contents

第一章　导　论 …………………………………………………………………………（3）

第二章　模型概述 ………………………………………………………………………（11）

第一节　模型的概念与分类 …………………………………………………………（11）

第二节　模型的属性 …………………………………………………………………（17）

第三节　模型的作用 …………………………………………………………………（17）

第四节　模型设计与制作的基本程序 ………………………………………………（18）

第三章　模型材料及其加工处理 ………………………………………………………（29）

第一节　材料分类及优缺点 …………………………………………………………（30）

第二节　主材及其加工处理 …………………………………………………………（33）

第三节　辅材及其加工处理 …………………………………………………………（54）

第四章　模型制作工具、设备及其使用 ………………………………………………（62）

第一节　测绘工具 ……………………………………………………………………（62）

第二节　剪裁、切割工具 ……………………………………………………………（65）

第三节　打磨修整工具 ………………………………………………………………（70）

第四节　辅助工具 ……………………………………………………………………（72）

第五节　主要工具的使用 ……………………………………………………………（74）

第五章　建筑模型制作 …………………………………………………………………（91）

第一节　搜集资料 ……………………………………………………………………（91）

第二节　制作模型 ……………………………………………………………………（91）

第三节　粉饰模型 ……………………………………………………………………（93）

第四节　设计图纸的准备 ……………………………………………………………（94）

第五节　模型制作前的设计构思 ……………………………………………………（95）

第六节　模型项目的策划及运作 ……………………………………………………（102）

第六章　模型制作的前期工作 …………………………………………………………（106）

第一节　制作模型的基本手工技能 …………………………………………………（106）

第二节　几种主要加工制作工艺 ……………………………………………………（106）

第三节　模型样品的制作 ……………………………………………………………（112）

第四节　方案切块模型的制作 ………………………………………………………（113）

第五节　展示模型的制作 ……………………………………………………………（115）

第七章　模型的制作 ………………………………………………………………（117）

　　第一节　建筑模型的制作 ………………………………………………………（117）

　　第二节　模型底盘、地形、道路的制作 …………………………………………（128）

　　第三节　绿化环境的制作 ………………………………………………………（131）

　　第四节　景观小品的制作 ………………………………………………………（133）

　　第五节　模型色彩的配置 ………………………………………………………（136）

第八章　模型的后期工作 …………………………………………………………（138）

　　第一节　后期特殊效果的处理 …………………………………………………（138）

　　第二节　模型的监督和验收 ……………………………………………………（140）

　　第三节　模型的拍摄 ……………………………………………………………（140）

　　第四节　模型的后期管理 ………………………………………………………（141）

　　第五节　模型作品的欣赏 ………………………………………………………（144）

第九章　模型设计制作训练 ………………………………………………………（165）

　　训练一　房地产及环境景观模型 ………………………………………………（165）

　　训练二　群体规划模型 …………………………………………………………（166）

　　训练三　园林建筑及绿化模型 …………………………………………………（167）

　　训练四　小别墅及环境景观模型 ………………………………………………（167）

参考文献 ……………………………………………………………………………（168）

绪 论

一、模型设计与制作

模型设计是建筑设计与室内设计、规划设计中不可或缺的表现形式,它以真实、立体的形象表现出设计方案的空间效果(见图 0-1)。目前,在国内外建筑设计、规划设计、室内设计与展示设计等领域都要求制作模型来表达设计思想,模型设计与制作已经成为一门独立的学科。

图 0-1　建筑模型

二、模型设计与制作过程的表现

当今的建筑模型制作,绝不是简单的仿形制作。它是材料、工艺、色彩、理念的组合。首先,它将设计人员图纸上的二维图像,通过创意、材料组合形成了三维的立体形态。其次,通过对材料与机械工艺加工,生成了具有转折、凹凸变化的表面形态。再次,通过对表层的物理与化学手段的处理,产生惟妙惟肖的艺术效果。所以,人们把模型制作称之为造型艺术。

这种造型艺术对每个人模型制作人员来说,是一个既陌生又熟悉的领域。说熟悉是因为我们每个人时时刻刻都在接触材料,都在使用工具,都在无规律的加工、破坏各种物质的形态;说陌生则是因为建筑模型制作是一个将视觉对象推到原始形态的过程,该过程涉及许多科学知识,同时又具有较强的专业性。

三、模型制作的功能

(1)全面准确地表达设计师的创意思想;

— 1 —

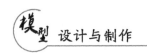

（2）促进与建设单位的交流；

（3）提高人们的趣味性；

（4）增强人们的主观认识；

（5）扩大社会影响面；

（6）合理地解决经济效益和社会效益的关系；

（7）达到开发建设的目的。

四、模型设计与制作的市场前景

随着我国经济文化水平的显著提高，人们对生活环境的要求也越来越高，城市规划、建筑设计、室内设计、房地产、园林绿化等多种行业飞速发展。特别是改革开放以后，随着城市的发展以及建筑数量的与日俱增，尤其是这十几年来房地产业的迅速扩大和对园林化环境的要求，模型的市场需求越来越大，其功能也得到了进一步开发。

本课程从建筑类专业角度出发，系统而全面地介绍了模型设计与制作的整个过程与步骤；同时配以大量的模型案例图片（见图0-2），对各种模型的制作过程进行了真切而又详尽的解析，强调了模型制作的操作性和实践性，为学生将来从事园林景观设计、建筑设计、室内外环境设计、房地产开发建设、城市规划等行业奠定了扎实的基础。

图 0-2 案例图片

第一章 导 论

一、进行模型设计与制作教学的必要性

(一)模型教学在建筑设计课程体系中的重要性

模型制作能够培养学生的设计创作能力、动手制作能力,树立空间想象力,并且建筑模型设计制作具有更高的表现力和感染力,同时建筑模型突破二维平面局限性,在三维空间造型上体会设计的形体、光影、结构布局以及构成;建筑模型具有培养空间概念、增强感性认识、提高动手能力的重要作用(见图1-1)。

图1-1 建筑模型

(二)培养设计思路和设计能力

优秀的设计师,不但要具有敏锐的设计思路,更应具备从二维到三维把握形态的意识,而模型首先对开拓设计思维、提高设计知识、变换设计手法起着积极的指导作用。其次,模型对锻炼设计师发现问题、解决问题和培养其敏锐的设计思路有着直接的帮助。最后,模型给构思设计提供了一个创作思路的可行性条件。

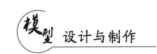

(三)从实践中培养设计师的严谨态度

(1)模型设计与制作,是设计类专业的一门非常重要的专业实践课程。

(2)设计师的教育必须经过实际的工艺训练,熟悉材料和工艺程序,系统研究实际项目的要求和问题。

(3)模型设计和制作的目的,就是要培养设计师在制作仿真模型的具体实践中去体验设计、发现问题并及时改进,使设计方案趋于合理、完善。

(4)优秀的设计师必须具有制作模型和通过模型进行判断和评价设计效果优劣的能力。

(四)工程项目和以人为本的需要

(1)工程项目的设计竞赛或投标,就需要用模型手段来做确定性的表达。

在我们进行设计或竞标的时候,大多数是以图纸的形式来表现的,可是图纸纵然再细致、再精美,毕竟是处于二维平面,不能给人直观的印象,业内人士可以凭借自己丰富的经验来读懂图纸,但是有些极其复杂又抽象的图形可能会误导人们的视线。所以我们可以把图纸形式转化为模型形式,这样就能够准确地把设计方案表达得更详尽,并且以模型的形式出现可以把各种抽象的问题具体化,让委托人和评审能够对那些模棱两可的问题更清楚地了解,同时设计方案也增加了艺术美感。

(2)模型是设计师与业主之间进行交流的重要工具之一,它胜过全部的言语。

现如今在许多开发商的售楼部都有楼盘的沙盘模型(见图1-2),里面包括了整个区域的环境、建筑外观和单独的室内模型。这些模型的出现完全是为了让前来购房的业主们对自己所要购买的房屋有一个直观的了解,因为业主大部分都不是专业人士,如果仅从图纸上是很难判断自己将来所处的环境究竟是什么样子,可是通过模型这种立体并且真实的物体,就会有一个准确的判断标准。

图1-2 建筑模型

(3)模型的设计和制作使使用者可以提前感受这样的环境氛围,设身处地地对设计师的工作给予肯定。

二、模型的发展历史与发展趋势

(一)模型的发展历史

1.明器与法

建筑起源于人类劳动和日常生活遮风避雨的实用目的,是人类抵抗自然的第一道屏障,在大型且复杂的建筑设计中都要以模型的形式来做预先表达。我国的建筑模型发展很早,最早的含义是指浇筑的型样(铸型),最初是作为供奉神灵的祭品放置在墓室中。我国最早的建筑模型是汉代的"陶楼",它作为一种明器随葬于地下。这种"陶楼"采用土坯烧制而成,外观与木构楼阁的造型十分相似,雕梁画栋,十分精美,但它仅仅作为祭祀随葬之用,与同期的鼎、案、炉、镜等器物并无不同之处。但是,随着时间的推移,明器逐渐成为工匠们表达设计思想的一种有效方法(见图1-3、图1-4)。

图1-3 东汉灰陶明器细部 图1-4 东汉灰陶明器

与模型相近的称谓,在我国古代称为"法",有"制而效之"的意思。东汉末年,公元121年成熟的《说文解字》注曰"以木为法曰模,以竹为之曰范。以土为型,引申之为典型。"在营造构筑之前,首先要利用直观的模型来权衡尺度,审曲度势,虽盈尺而尽其制,这是我国史书上最早出现的模型概念。

唐代以后,仍有明器存在(见图1-5),但是建筑设计与施工形成了规范,朝廷下属工部主导建筑营造,掌握设计和施工的专业技术人员为"都料",凡大型建筑工程,除了要绘制地盘图、界画以外,还要求根据图纸制作模型,著名的赵州桥就是典型案例,这种营造体制一直延续至今。

2.烫样

清代康熙至清末,擅长建筑设计与施工的雷氏家族一直为宫廷建造服务,几代人任样式房"长班",历时二百多年,家藏流传下来的建筑模型诸多,历史上称为"样式雷"烫样。

烫样是建筑模型(见图1-6),是由木条、纸板等最简单的材料加工而成,包括亭台楼阁、庭院山石、树木花坛、水池船坞以及室内陈设等几乎所有的建筑构建。这些不同的建筑细节按

图 1-5 唐代明器组合

比例安排，根据设想而布局。烫样既可以自由拆卸，也能够灵活组装，它使建筑布局和空间形象一目了然，充满了中国式的智慧，是这个建筑世家独一无二的创举。

图 1-6 清代"样式雷"建筑烫样

烫样一方面指导具体的前期施工准备，另一方面供皇帝审查批准，待皇帝批准烫样之后，具体的施工才可以进行。今天，我们只是从这些两个多世纪前的图纸，来想象当年皇家园林的建筑盛况。规模浩大的圆明园凝聚着雷氏家族的心血，也是我国古代建筑艺术的最高峰。

从形式上来看，"样式雷"烫样有两种类型：一种是单座建筑烫样；另一种是群组建筑烫样。

单座建筑烫样主要表现拟盖的单座建筑情况,全面反映单座建筑的形式、色彩、材料和各项尺寸数据。群组建筑烫样多以一个院落或一个景区为单位,除表现单座建筑以外,还表现建筑群组的布局和周围的环境布局。烫样按需要一般分为五分样、寸样、二寸样、四寸样、五寸样等多种。五分样是指烫样的实际尺寸,每五分(营造尺)相当于建筑实物的一丈,即烫样与实物之间的比例为1:200;寸样为1:100;二寸样为1:50,以此类推,根据需要选择。

烫样、图纸、做法说明三者齐全才能完成古建筑设计,三者各有侧重分工。烫样侧重于建筑结构、外观、院落和小范围的组群布局,并且包括彩画、装修和室内陈设,因此是当时建筑设计中的关键步骤。又由于烫样的制作是根据建筑物的设计情况按比例制作而成的,并标注明确的尺寸,所以它可以作为研究古建筑的重要依据,弥补书籍和实物资料的不足。

中国古建筑一向以其独特的内容与形式自成一体,闻名于世。中国古建筑的艺术美是不容否定的,而制作精巧、颇具匠心的烫样,同样是中国古建筑艺术成就的体现,并且显示了劳动人民的智慧与技艺。烫样本身也可作为艺术品来欣赏,并具有一定的艺术价值。

烫样的历史性不仅在于它是一二百年前遗存的历史文物,而且在于它是当时营造情况的最可靠的记录。通过研究烫样,不仅可以了解当时的建筑发展水平、工程技术状况,而且还可以侧面了解当时的科学技术发展、工艺制作和文化艺术的历史面貌。

3. 沙盘

沙盘在古代最早是军事将领们指挥战争的用具,它是根据地形图或实地地形,按照一定的比例尺,用泥沙、兵棋等各种材料堆置而成的模型。在军事上,常供研究地形、敌情、作战方案、组织协调动作和实施训练时使用。

沙盘在我国有悠久的历史。根据《后汉书·马援列传》记载,公元32年,汉光武帝征讨陇西的隗嚣,召名将马援商讨进军战略。马援对陇西一带的地理情况很熟悉,就用米堆成一个与实地地形相似的模型,在战术上做了详尽的分析。

1811年,普鲁士国王菲特烈·威廉三世的文职军事顾问冯·莱斯维茨,用胶泥制作了一个精巧的战场模型,用颜色将道路、河流、村庄和树林表示出来,用小瓷块代表军队和武器,并将这个模型陈列在波茨坦皇宫里,用来进行军事游戏。后来,莱斯维茨的儿子利用沙盘、地图表示地形地貌,以计时器表示军队和武器的配置情况,按照实战方式进行策略谋划。这种“战争博弈”就是现代沙盘作业。19世纪末和20世纪初,沙盘主要用于军事训练,第一次世界大战后,才在建筑设计中得到运用。

现代建筑沙盘应用广泛,除了用于军事、政治以外,还广泛拓展到城市规划、玩具生产、休闲娱乐等领域,所制作的建筑、环境、人物极度逼真,在视觉感官上能让人产生共鸣(见图1-7)。

4. 现代模型

最早用于建筑模型设计与施工的模型起源于古埃及,在金字塔的建筑过程中,工匠们将木材切割成型,通过反复演示来推断金字塔的内部承重能力。木制模型要经过多次调整、修改,每次制作出来的造型表面非常光滑,工匠们一丝不苟的态度造就了金字塔的辉煌。古罗马以后,建筑工程不断发展,模型成为建筑设计不可或缺的组成部分,工匠们通常采用石膏、石灰、陶土、木材、竹材来组建模型,并且能随意拆装,这对建筑结构和承载力学的研究有着巨大的推动作用(见图1-8)。

图1-7 电子地形沙盘

图1-8 古罗马建筑模型　　　　　　　图1-9 灯光照明模型

　　14世纪文艺复兴以后,建筑设计提倡以人为本,建筑模型要求与真实建筑完全一致,在模型制作中注入了比例。菲力波·布鲁内莱斯基的佛罗伦萨主教堂穹顶,在反复拼装、搭配模型后才求得正确的力学数据。17世纪,法国古典主义设计风格除了要求比例精确以外,还在其中注入"黄金分割"等几何定理,使模型的审美进一步得到了升华。18世纪以后,资产阶级权贵又给建筑模型赋予新的定义,即"收藏价值"在建筑完工之后,模型或被收藏在建筑室内醒目的位置,或被公开拍卖,这就进一步提高了建筑模型的质量要求,模型不在仅仅是指导设计与施工的媒介,而且也是一件艺术品,要求外观华丽,唯美逼真,因此,社会上便出现了专职制作模型的工匠与设计师。模型开始成为商品进入市场,并迅速被社会承认。

20世纪初,第二次工业革命完成以后,建筑模型也随着建筑本身向多样化方向发展,开始运用金属、塑料、玻璃、纺织品等材料进行加工、制作,并且安装声、光、电等媒体产品,使模型的自身价值与定义大幅度提升,建筑模型设计与制作成为一项独立产业迅速发展。20世纪70年代以后,德国与日本开始成为世界经济的新生力量,世界建筑模型的最高水平定位在这两个国家,他们率先加入电子芯片来表现建筑模型的多媒体展示效果,同时,精确的数控机床与激光数码切割机也为建筑模型的制作带来了新得契机。进入21世纪以来,随着世界物质经济高速发展,建筑模型中开始增加遥控技术,通过无线电来控制声、光、电综合效果(见图1-9)。

在未来,将会有更多种类的制作材料应用进来,建筑模型将会朝着多元化方向发展,除了精确的切割设备和灵敏的遥感技术,还会加入生态材料和全新的设计思想,如概念模型、演示模型等。

(二)模型的未来发展趋势

1.表现形式

模型的表现大多根据需要来制定具体的表现形式。

2.工具

传统的建筑模型全部由手工完成,根据不同材料运用裁纸刀、剪刀、三角尺、圆规等工具制作。随着工作效率的提高,现在需要更快捷、更简便的方法来制作建筑模型,例如:裁切一块1—3mm厚的自由曲线形ABS板,传统的制作工艺是先在ABS板上绘制曲线线条,然后沿着线条将ABS板切割成多边形,最后使用裁纸刀仔细地将曲线修整平滑,由此可见,这种制作工艺操作起来相当复杂。根据此材料加工性能、特点,经过缜密思考后,我们可以将大头针放在蜡烛上烤热,沿着曲线每间隔5mm钻一个圆孔,然后就能像撕邮票一样将曲线板材掰下来,最后使用砂纸打磨平滑。如果条件允许,还可以使用曲线锯或数控切割机来制作,使效率和质量大幅度提升。

建筑模型的制作手法要因环境而异,要因个人能力而异,环视周边一切可能利用的物品,将它们的作用发挥至极限,这需要敏锐的思考,不断创新,才能得到完美的效果。

3.材料

模型制作与材料有着密不可分的关系。

模型材料的特性如下:

(1)具有一定的强度、韧性,又要便于手工或特定的机械加工,如剪切、锉磨、弯曲、相互粘接等。

(2)有一定的化学稳定性,在一定时期内不变形、不变色、热膨胀系数小等特点,其特殊质感能长期保留,以达到仿真的效果。

(3)价格便宜,能够较方便地得到,以利于推广应用。

在得到材料的过程中,往往还会出现材料滞后现象。材料滞后现象产生的原因有:①模型制作的发展还未进入一个规模化的专业生产阶段。模型制作材料从开发到应用,未能进入一个良性循环,因此商业因素是材料产生滞后现象的根本原因。②目前的加工工艺、模具制作等非商业因素的水平,还不能满足高仿真化模型材料制作的要求。我们应该看到,这种滞后现象只是一个暂时的过程,必将随着模型制作业的发展和未来高科技的发展而消失。

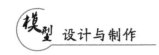

4.智能化和动态化

智能化和动态化的内容是一门相当综合的学问,它涉及机械工程学、结构力学、模式识别传感器元件、计算机软件、计算机硬件、造型艺术等各方面的成果(见图1-10)。

图1-10 技术综合模型

三、学习模型设计与制作的要求

1.模型制作是材料、工艺、色彩、理念的组合

(1)模型制作是将设计人员图纸上的二维图像,通过创意、材料组合形成三维的立体形态。

(2)通过对材料的手工与机械工艺加工,形成了具有转折、凹凸变化的表面形态。

(3)通过对表层的物理与化学手段的处理,产生惟妙惟肖的艺术效果。

所以,人们把模型制作技术又称为造型艺术。

2.模型制作人员的要求

(1)要理解设计"语言"、理解园林设计的内涵,只有这样才能完整而准确地表达园林设计的内容。

(2)模型制作人员要充分了解各种材料的特性,合理、巧妙地使用各种材料。

(3)模型制作人员还必须熟练的掌握基本制作方法和技巧。

(4)模型制作人员要有丰富的想象力和高度的概括力。

(5)模型制作人员要在对基本制作方法掌握的基础上,合理地利用各种加工手段和新工艺,从而进一步提高模型制作的精确度和表现力。

第二章 模型概述

第一节 模型的概念与分类

一、模型的概念

1. 设计的表达

设计的表达是指设计师在承担某项设计的过程中,运用各种媒介、技巧和手段,选择平面或立体形式来表达自己的设计构思,以展示其设计作品的风格和品质(见图2-1)。

图2-1 建筑模型

2. 设计的表达方式

设计的表达方式,一种是图纸,另一种是模型。这两种方式各有优点,各有用途,但都是争取设计项目的最基本手段。图纸设计表现方法是画草图、效果图或基本工程图,就算是完成了初步的设计方案。

模型作为对设计理念的具体表达,成为设计师与开发商和使用者之间交流的"语言",而这种"语言"——设计"物"的形态,是在三维空间中所构成的造型实体。

3. 模型

模型最早的含义是指浇铸的型样(铸形)。例如,我国最早的建筑模型——汉代的"陶楼"。现在的模型是一种全新的现代模型概念,起源于西方近代对工业化产品的模拟展示。

4. 模型的简单定义

模型是依据某一种形式或内在的比较联系,进行模仿性的有形制作。

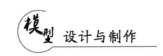

5.模型的功能

模型的功能体现在图纸与实际立体形态之间,把两者有机地联系起来,让设计师能在真实空间的条件下观测、分析、研究、处理"物"的形态变化,表达它所包含的创造意图。

二、模型的类别

建筑模型在人类历史上发展了3000多年,经历过无数次演变,现有的模型种类繁多,可以从不同角度来分析,不同类型的模型有不同的使用目的,分清模型类型也能帮助我们提高认识,提高制作效率。

从使用目的上来划分,模型可分为:研究模型、展示陈列模型、工程构造模型等。

从制作材料上来划分,模型可分为:卡纸模型、吹塑机模型、发泡塑料模型、有机玻璃模型、木质模型、石膏模型、金属模型、竹质模型等。

从表现内容上来划分,模型可分为:家具模型、住宅模型、商店模型、展示厅模型、建筑模型、园林景观模型、城市规划模型、地形地貌模型等。

从表现部位上来划分,模型可分为:内视模型、外立面模型、结构模型、背景模型、局部模型等。

从制作技术上来划分,模型可分为:手工模型、机械加工模型、计算机数码模型、电光遥控模型等。

目前,建筑模型制作都有自己明确的目的,模型的制作规格、预算投入、收效回报等方面都影响着制作目的,各种商业化运作模式决定了现代建筑模型主要还是从使用目的上来划分。以下就从制作材料和使用目的两种分类对模型进行详细解读。

(一)以使用目的分类

1.设计研究模型

设计研究模型主要用于专业课程教学,它是设计构思的一种表现手段,模型就像手绘草图,要尽可能发挥设计师的主观能动性去强化、完善[见图2-2(a)、(b)]。这类建筑模型不要求特别精致,只要能在设计师之间、制作人员之间、师生之间产生共鸣即可,在选用材料上不拘一格,泡沫板、纸板甚至砖块都可以作为媒介使用[见图2-2(c)]。制作出来的成品模型,具有实用意义的可以长期保留,对于需要变更创意的可以随时拆除。然而,设计研究模型并不是草率模型,它的本质在于领导设计,拓展思维,不能将这项工作流于形式,草草收场,在设计中一定要通过模型来激发设计者的创意,使之达到极限,并最终获得完美的设计作品。

设计研究模型又分为概念模型和修整模型两种。

(1)概念模型。概念模型是设计师以一种诗意的姿态塑造出来的事物,它也许不能成为产品,但是可以成为设计师扩展思维的一个路标,甚至成为其他设计师的路标。当想象一把椅子、一盏灯或其他任何现存的物件时,每个人都有自己心中的大概轮廓。在想象某个物件或一个简化的最初印象时,并不是所有人都想象的一模一样,物体形态的各异由于创造力的不同而不同,但是很多形态都能与人产生共鸣,因为它们是能识别的、形状怪异的、不寻常的、令人不安的,还有的是可以理解的(见图2-3)。概念模型正是为了表达这种共鸣,让所有参与设计的人做评析,从而提高设计水平。

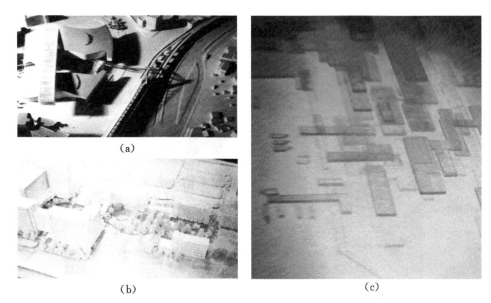

（a）

（b）

（c）

图 2-2 设计研究模型

（a）

（b）

图 2-3 概念模型

在设计领域里的任何人都会有一种非常现实的想法,这种想法就是除了所有已经摆在货架上的产品外,都要尽力找到一种把自己的想法转化为商品的办法,以得到受人尊重的地位。

而现在,设计师有了更多的诗意,少了来自制作、生产和销售循环的禁锢。他能为表达某种情感、灵感或信念去留心一种合适的解决方案。这种情况下,概念模型就成为了一种表达不同故事、不同观点的途径。

（2）修整模型。当概念模型达到一定程度后,就需要融合更多人的意见,根据合理意见做修改、调整。针对概念模型的调整一般是指增加、减少、变换形体结构,通过这些改变能进一步激发设计师的创意,使原有的概念得到升华(见图 2-4)。但是不要将精力放在增加细节上,过多的细节虽然能将模型变得更漂亮,而这却不是设计研究模型的最终目的。

图 2-4　修整模型

2.展示陈列模型

展示陈列模型又称为终极模型,是表现成熟设计作品的模型,主要用于商业设计项目展示。它以华丽的外表、精致的细节、逼真的形态来打动观众,是目前房地产、建筑设计、环境艺术设计等行业的新宠[见图 2-5(a)]。

展示陈列模型不仅要表现建筑的实体形态,还要统筹周边的环境氛围,所有细节都要考虑周全,运用一切能表达设计效果的材料来制作,以得到最佳的装饰效果[见图 2-5(b)]。

展示陈列模型在制作之前要经过系统的设计,包括平面图、顶面图、立面图和装配大样图,图纸要求标注尺寸(模型尺寸和建筑尺寸)和制作材料的名称。这类模型一般由多人同时协助,因此图纸必须完整,能得到全部制作人员的认同。模型的制作深度要大,根据具体比例来确定,一般而言,1:100 的模型要表现到门窗框架;1:50 的模型要表现到地面铺装材料的凹凸形态;1:30 的模型要表现到配饰人物的五官和树木的叶片。

(a)　　　　　　　　　　　　　　　　(b)

图 2-5　展示陈列模型

展示陈列模型制作周期长、投资大，非普通个人能独立完成。目前，我国各大中城市均有建筑模型制作公司，制作水平在不断提高，同时也为社会创造了高额的经济效益。

3.工程构造模型

工程构造模型又称为实验模型，它是针对建筑设计与施工中所出现的细致构造而量身打造的模型。通过工程构造模型，设计师可以向施工人员、监理和甲方来陈述设计思想，从而指导建筑施工顺利进行。

工程构造模型的表现重点在于真实的建筑结构，而且能剖析这些内部构造，使其向外展示。工程构造模型按形式可以分为动态和静态两种。动态模型要表现出设计对象的运动，它的工程构造具有合理性和规律性，例如：船阀模型、地铁模型等。静态模型只是表现出各部件之间的空间相互关系，使图纸上难以表达的内部趋于直观，例如：厂矿模型、化工管道模型、码头与道桥模型等。此外，还有一部分特殊模型也能明确工程施工，例如：光能表现模型、压力测试模型、等样模型等。

（1）光能表现模型。光能表现模型是建筑模型表现的一种特殊形式，在制作中采取自然照明与人工照明，用它来预测建筑物夜间的照明效果，为了更准确地预测环境气氛，光能表现模型要有精致的细部表现、色彩及表面效果（见图2-6）。

图2-6　光能表现模型

（2）压力测试模型。压力测试模型是用来测试模型的抗压力和耐厚力，针对不同的模型来选用材料组件，材料的拼接与搭配要记录下来，供后期批量制作提供参照。

（3）等样模型。等样模型的尺寸与建筑实体一样大，它是将设计方案直接制成实际尺寸，其中包括1∶1的建筑构件，足尺的空间和建筑局部。当然，只有遇到大型项目时，才会制作一个局部等样模型作为试验样本来研究。

（二）以制作材料分类

如果以制作模型的材料来进行分类，可以大致把模型分为石膏模型、木质模型、塑料模型、油泥模型、玻璃钢模型与其他类综合材料模型六类。建筑景观模型中常用的主要有以下几类：

1.卡纸模型

卡纸模型是近年来兴起的一种模型，适宜构思的训练和短期实体模型的制作。

2.吹塑纸模型

吹塑纸、吹塑板、苯板等现代装饰用材料，其质感不强，不易保存，适宜一般的投标项目、临

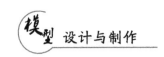

时展出和上级审批等短期性的工作使用,不适宜制作长期使用的模型。

3.发泡塑料模型

这种模型适宜实体和区域规划模型使用。发泡塑料质软且轻,容易加工和修改,且制作快,成本低。

4.有机玻璃模型

这种模型高雅华贵、姿态挺拔、轮廓清楚、质感很强,可得到十分精细、逼真和高档的效果,因而被人们所重视。由于它造价较高,因此,在很大程度上作为投标、长期展出、收档存查等重要场合使用。

5.木质模型

木质模型适宜结构分析和艺术欣赏使用。国际通用的木质模型主要采用胶合板材料,这种模型经过涂饰处理可以模仿多种材质,并且具有雕塑般的艺术效果。

(三)以模型的制作过程作为分类标准

模型的制作过程分为三个阶段,而这三个阶段和设计的三个过程相符合(见表2-1)。

(1)阶段草案——概念图——概念模型;

(2)阶段设计——建筑设计——工作模型;

(3)阶段执行——实作平面图——实作模型。

表 2-1　模型各制作阶段的特征

制作阶段 要求对象	概念模型	工作模型	执行模型
材质	快速且容易雕塑的,可制作的	轻易改变的、限制的、持久的	持久的、不褪色的、持续坚固的,模型运送的可行性
工具	能够表现概念即可,但要简单且品质好	从简单到专业,练习在过程中是必要的。从好的工具到非常好的工具	配合制作和模型的种类经常是奢侈的,练习是过程的前提,非常好的工具
	所需工具都应该具备好的品质		
机器	不是必备的	有时需要(基本配备),练习时是必要的	必备的,根据模型种类而用特别的机器,练习是前提
	机器应该具备好的品质		
工作场所	制图桌并配备工作护垫,或是工作桌紧邻制图桌	备有机器插座的工作桌,并紧邻制图桌	具有机器插座的工作桌,最好有个人空间
	一般在工作场所周围应该必备: 急救用的包扎用品箱 在工作场所边的护目镜 工作桌应具备插座 工作场所应该有良好的照明和通风设施		

第二节 模型的属性

建筑模型与平面设计图相比,具有直观性、时空性、表现性三个特点。

一、真实性

建筑模型是以一定的微缩比例制作的模型实体,与建筑本身相似(见图 2-7)。这种形式使建筑设计的构思表现得更深入和完善,更接近于真实建筑的效果。真实性使模型在模拟建筑的完整感方面具有不可比拟的优势,可以使观者更好地通过建筑模型本身来了解、评价和欣赏建筑的整体效果。

图 2-7 与真实建筑相似的模型

二、展示性

建筑模型为观者提供展示性的建筑实体,使观者对建筑的形态、功能与结构,面与面、体与体、面与体、空间和环境组合关系以及各种角度和整体等有一个全面的视觉感受,从而发现建筑的缺陷,为解决各种问题提供参考依据。

三、表现性

建筑模型体现建筑的真实性、形象性、完整性。真实性表现为三维立体形式,直观地反映在人们的视觉中,对于一些不具备专业思维和想象力的人也可以通过建筑模型直接评价建筑,它的表现性更被人们接受。

第三节 模型的作用

一、完善设计构思

(1)模型制作是进一步完善和优化设计的过程。

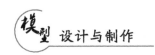

(2)设计人员亲自动手来制作模型,是从二维到三维的浪漫与严谨的体验。

(3)通过亲身感受与参与制作,可以进一步激发设计师的灵感,发现设计思路上存在的盲点,并进行改进优化,从而帮助设计师更快地使设计方案达到理想的状态。

二、表现设计效果

(1)实体模型是向观者展示其设计特色的一种很好的方式。

(2)模型对于建成后效果的把握成为设计师与业主之间进行交流的重要手段。

三、指导施工

施工单位在平面图、立体图上不易看懂或者容易发生误会的地方,会造成施工的难度,最终影响设计效果的实现。采用实体模型的方式来展示设计的特点,以便施工单位按照设计意图进行施工。模型这种直观的表现,对于施工有很好的指导作用。

四、降低风险

(1)模型制作是设计过程中的重要环节之一,可以把设计风险降到最低,对于把握设计定位、施工生产具有实际意义。

(2)模型制作可以有效地缓解设计与使用之间的矛盾。

第四节　模型设计与制作的基本程序

一、模型的工作场所

(一)初学者的工作场所

在初级阶段,要在绘图桌旁安置一张模型制作桌(见图2-8)。这张桌子必须大到能够提供以下三种范围的事物。

图2-8　模型制作桌

(1)为了模型制作的切割垫座和丁字尺的固定台面做准备,可以作为进行风格和模型部分研究所需的场地(见图2-9)。

图2-9　模型制作工作室

(2)可以进行组装和部分安排的稳定且平坦的画线台。

(3)为工具准备的插座和小型的手工器具。

(二)扩大的工作室

随着模型需求的增加和再购置机械,我们不得不扩大上述绘图桌旁的范围。可以预见,扩大后的个人的空间或是封闭的空间如下:

(1)为了部分模型的预备和完工。

(2)为了装配和组合。

(3)为了材质的加工利用,尝试进行部分材质试验或采用现成材料。

(4)为了机械和工具。

(1)~(3)项能够包含在同一个空间中,这是为了物件存放处(架子、桌子)而做的考虑。除了上述空间之外,还需配有合适的电源、水源接头以及吸尘器的机械空间。

二、准备工作

在准备工作中,应该做一份项目检查表,此表共包含以下7点:

1.模型任务的问题

我们所要着手制作的模型是要描述什么场景或者是要研究和检查哪些建筑设计中的问题。

(1)传播哪些设计重点和思想。我们所要制作的模型所要表达的侧重点是什么,设计思路是基于怎样的考虑,就如同我们用软件和文字说明来表达一个设计方案一般,由于模型是三维立体的实物,更能够清晰地表达我们的思想,所以我们在前期准备的时候,就要想好每一个环节,做到无一遗漏,如此才能把我们的所有想法和思路传达给观者。

(2)怎样透过模型来传达这些思想。我们在做设计时,需要大量的图纸来表达我们的设计思路,模型也有同样的作用,并且模型能够更清晰、真实、直观地表达我们的意图,通过模型的真实性可以让更多的外行人士了解我们的构思和设想，而模型的立体、可直视、与真实实物高度相似的先天优势就是我们利用模型来表达设计思路的最佳手法。

2.对象的问题

模型是为谁而制作的。我们在制作模型之前要确定好服务对象是谁，根据使用者的不同，要制作出不同的模型，例如：对于科研机构和学校，以研究为目的，需要制作设计研究类模型；以商业活动为目的，需要制作展示陈列模型。根据不同的适用对象做出有针对性的模型（见图2-10、图2-11），这是我们在制作模型之前必须考虑的内容之一。

图 2-10 学校建筑模型

图 2-11 主题公园模型

3.处理过程的问题

（1）它是一个工作模型（方案模型）还是一个实作模型（展示模型）。

（2）部分工作模型是否在此之后会被加工成展示模型（基础平台、基地、现存的建筑主体等）。

（3）模型是否具有可变性（可做多样选择的附属模型）、是否允许更正（在基地方面或是建筑主体方面）。

4. 比例和场景的问题

建筑模型设计与建筑图纸设计一致,都需要具备准确的比例,比例是设计方案实施的依据,也是模型区别于工艺品、玩具的要素。在建筑模型设计之初,就应该根据要求制定模型的场景和比例。现代建筑模型场景一般分为以下四种形式。

(1)建筑规划模型。建筑规划模型体较大,要根据展示空间来制定比例。为了达到表现目的,城市规划模型的比例一般定为 1:2000~1:3000,能概括表现出城市道路、河流、桥梁、建筑群等主要标识物[见图 2-12(a)、(b)];社区、厂矿的规划模型比例一般定为 1:800~1:1500,能清晰表现出建筑形体和道路细节;学校、企事业单位、居民小区规划模型的比例一般定为 1:500~1:800(见图 2-13),能细致表现出建筑形体和各种配饰品。

(a)

(b)

图 2-12 城市规划模型

图2-13 小区规划模型

图2-14 建筑外观模型

（2）建筑外观模型。建筑外观模型重点在于表现建筑的外部形体结构与色彩材质，是体现建筑设计的最佳方式（见图2-14）。建筑外观模型也要根据自身尺寸来制定。高层建筑、大型建筑、连体建筑、群体建筑的比例一般定为1∶100～1∶300，能准确表现出建筑的位置关系；低层建筑、单体建筑的比例一般定为1∶100～1∶200，能清晰地表现出外墙门窗和材质的肌理效果；小型别墅、商铺建筑的比例一般定为1∶50～1∶100，能细致表现出各种形体构造与装饰细节（见图2-15、图2-16）。

图2-15 小型别墅建筑模型

图2-16 商店内视模型

（3）建筑内视模型。建筑内视模型主要适用于住宅、办公间、商店等室内装饰空间，尺寸比例一般定为1∶20～1∶50；单间模型可以达到1∶10，能细致表现出墙和地面的装饰造型、家具、陈设品等。

（4）建筑等样模型。等样模型的比例为1∶1，用于模拟研究建筑空间中的某一局部构造，各种细节均能表现出落成后的面貌。等样模型的制作比较复杂，一般很少实施。

5.材质、工具、机械、个人的能力和经验问题

（1）选择哪一种材质以及它是否符合设计精神。材质即材料与质地，建筑模型是通过模型材质来表达建筑的肌理和质感，它是建筑模型进一步升华的表现。

（2）需要哪些材质作用。

（3）以不同的表面（光滑的、粗糙的、反射的等）和不同的颜色（多彩的、单色的）将不同的材质（木材、纸板、亚克力等）连接到一起。

（4）是否能够在可支配的时间里依数量将所需的材质购置齐全。

（5）是否能够以可支配的工具和机械在这样的空间中制作。

（6）是否使用正确的工具、机械和有正确的知识和经验来执行工作和进行试验。

6.包装和运送问题

（1）模型如何被包装。建筑模型艺术,应善于充分发挥现代化包装材料及装饰材料的优势,合理运用各种材料的特性,从而促进模型制作水平的不断提高。作为立体形态的建筑模型,它和建筑实体是一种准确的比例关系,诸如体量组合、方向性、量感、轮廓形态、空间序列等在模型上也同样得到体现。因此,当建筑师在构思中进行体形处理时,可以首先在模型上推敲各形式要素的对比关系,如:反复、渐变、微差、对位等联系关系,节奏和韵律,静和动的力感平衡关系,等差等比逻辑关系等。

（2）模型必须被拆解吗? 在运送模型之前,必须要确定好所运送的模型是不是可以直接完整的运送,因为有些模型制作材质较为特殊,例如有玻璃材质比较易碎等,所以为了保证模型的安全,对于这些模型可以将其拆解或部分拆卸。

7.工作文件的问题

（1）是否所有的文件都齐全(竖向规划图、平面图、剖面图、正面图)。

未建成建筑物图纸的取得:对于未建成的建筑,必定是正在规划与设计中的建筑,因此只需要向规划与设计部门索取正式图纸即可。如果是单体建筑,则需全部的平、立、剖面图纸;如果是群体建筑,要有规划总平面图和所有建筑的立面图。

建筑物已经形成,但只有平面图没有立面图:遇到这种情况,只有对建筑物实地拍摄取得立面图。为了节约开支,对每个建筑物只需按对角线拍两张照片,因为这样拍摄可以看清建筑物的四个立面。如果实地不允许这样拍照,也可以拍照一面再加局部,以搞清每座建筑所有立面且以拍片最少为原则。

建筑物已形成,什么图纸都没有:这种情况解决立面图的办法也必是通过拍照,解决平面图的办法可通过"图解导线"的测量方法进行实地测量(具体做法请参阅有关测量书籍)或者请测绘单位帮助解决。

（2）计划是不是正确的比例。

（3）模型的制图是否完善到马上可以依此建构。

（4）设计图的特色是否符合工作技术的可能性(材质、工具、机械、技能、经验)并被适当地表达出来。

（5）设计图是否表现出模型建筑的主要轮廓。

（6）模型制作计划的副本是否足够让我们在制作时能拿它当作辅助工具。

（7）明细表是否已制作(例如城市建筑中的建筑主体)。

（8）需要哪些木材剖面以及它们的切面顺序,以确保用到哪些工作零件。

（9）制作时最好的流程,需要哪些帮助(滑板、配件等)。例如,第一次以圆锯做出样式,接着钻孔;第二次打造风格,进行磨光,再接着进行清洁和上色,最后装配和安置到基地上。

三、模型的设计阶段

在建筑模型制作前,需要进行详细的设计,包括建筑设计和模型设计两个层面。前者是对建筑形体、结构、风格、环境等要素的创意构思,是形体结构从无到有的创造过程,需要设计师进行多方面考虑,并征求甲方单位、业主的意见后做修改。后者是对模型的设计,在已经确定的建筑方案设计基础上,对尺寸、比例、材料、工艺重新定制,为模型制作提供全面参照。建筑

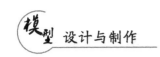
设计是模型设计的重要依据,而模型设计是建筑设计的微观表现(见图2-17)。

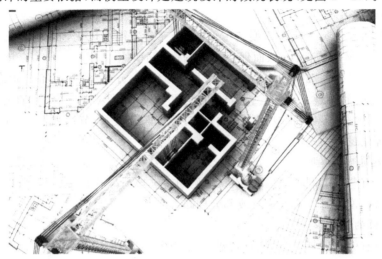

图2-17 建筑模型设计微观表现

初学建筑模型可以参照现有的建筑实体,经考察、测量后,将获取的数据重新整合,绘制成图纸再运用到模型设计中。高端商业模型则直接对照建筑设计方案图进行加工。两者的依据虽然不同,但是对建筑模型设计的要求和目的却是完全一致的。

1.模型考察

学习建筑模型首先要了解模型,经过考察观摩后才有独立设计的依据。随着我国经济水平不断提高,房地产行业突飞猛进,在城市里随处能见到商品房营销中心里的建筑模型,宏伟的气势、精致的细节无不打动购房者的心理。此外,在博物馆、大中型企事业单位展厅、公共娱乐场所和模型设计公司都能见到新颖别致的建筑模型,从中能使我们领略到该行业的独特魅力。从学习、观摩的角度上来看,建筑模型可以从以下三个层面来解析。

(1)规划布局。建筑模型要设计合理,布局自然(见图2-18),建筑与建筑之间保留适当间距;绿化植物环绕周边,呈次序状排列;道路清晰明确,以最短的行程满足最大的出行需求;主、次道路与单、双行线逻辑关系正确;建筑配套设施完善,分布均匀,能满足主体建筑的使用要求。

图2-18 城市规划模型

（2）细部构造。建筑模型的转角要严实,接缝紧密,门窗构造要根据比例制作到位。室内模型要求能表现出踢脚线、家具、家电、陈设品等细节[见图2-19(a)、(b)、(c)]。建筑外观模型要求能表现出门窗边框、屋顶瓦片、道路边坎、绿化植被等细节。建筑规划模型要求外墙平直,表面光滑,主要配景形态统一。

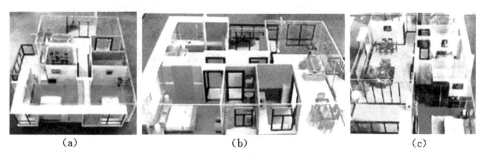

（a）　　　　　　　　　（b）　　　　　　　　　（c）

图2-19　建筑室内模型

（3）科技含量。概念研究模型要求能随意拼装、拆分,要安装简单的照明设施来装点效果。商业展示模型除了安装灯光以外,最好能装配背景音乐和机械传动装置,采用无线摇杆技术控制。未来建筑模型还能利用环保材料和再生材料,在保证质量的同时,降低制作成本。

2.分析设计要求

设计要求一般是由建筑模型的管理者和使用者根据建筑模型的具体应用而提出的。在学习研究过程中,要求来自老师,老师会根据教学大纲和行业发展状况来设定学习目的,引导模型设计与制作,使模型制作者进一步领悟专业知识。在商业模型中,要求来自地产商、投资业主,他们会根据多年积累下来的业务经验和市场状况设定要求,一般会追求展示效果、制作效率和低廉的价格。

分析设计要求首先要注意倾听对方的言语,不宜随时打断,在交谈中作简单记录,待总结完毕后再针对疑惑提问,并对解答作记录。能被记录的设计要求一般分为以下三点。

（1）功能。建筑模型的展示场所、参观对象、使用时间、特技要求等。

（2）形式。建筑模型的设计风格、图纸尺寸、缩放比例等。

（3）技术。建筑模型的投资金额、指定用材、完成期限、安装与拆除的方式等。

将上述问题记录下来认真分析,迅速向对方提出自己的设计观念,沟通达成一致后即可实施。在商业建筑模型中,设计要求会作为合同条款来签订,这对双方是很好的约束,其中制作金额是重点,它直接影响到模型质量和商业利润。

3.图纸绘制

建筑模型设计图纸必须详细,其内容的完整程度并不亚于建筑设计方案图,主要包括创意草图和施工图两部分。

（1）创意草图。草图是创作的灵魂,任何设计师都要依靠草图来激发创作灵感。自主创意的建筑模型必须绘制详细的创意草图,在线条和笔画中不断演进变化。草图可以很随意,但不代表胡涂乱画,每次落笔都要对创意设计起到实质性作用[见图2-20(a)]。

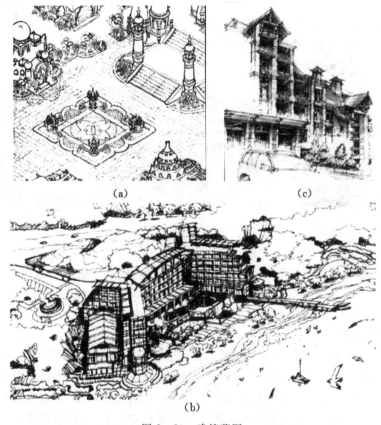

(a)　　　　　　　　　(c)

(b)

图 2-20　建筑草图

　　草图的表现形式因人而异,最初可以使用绘图铅笔或速写钢笔初步构思,不断增加设计元素,减少繁琐构造,所取得的每一次进展都要重新抄绘一遍[见图 2-20(b)],抄绘是确立形体的重要步骤。确定形体后,可使用硫酸纸拷贝一遍,并涂上简单的光影关系或色彩[见图 2-20(c)],使之能用于设计师之间交流。待修改后可以采用计算机草图绘制软件来完善,并逐步加入尺寸、比例、材料标注。

　　(2)施工图。建筑模型施工图主要用来指导模型的加工制作,在创意草图的基础上加以细化,主要明确模型各部位的尺寸和比例,图面上还需标注使用材料和拼装工艺,相对于建筑设计方案图而言,其内容和深度并不简单。只不过它是模型,给制作者带来的心理压力小一些。

　　传统的施工图是采用绘图工具手工绘制的,需要消耗大量的时间,随着 AutoCAD 软件的出现,它使制图效率大幅度提高(见图 2-21),并逐步取代了传统制图。AutoCAD 的另一大优势是可以将绘制出来的矢量图转换到数控机床中切割,生产出建筑模型的拼装板块,这又进一步提高了模型的制作效率,在质量上也得到了提升。

图 2-21　AutoCAD 建筑模型施工图

　　施工图是建筑模型制作的重要依据，要求精确定位，严谨制图，保证建筑模型的最终效果。

4.材料搭配

　　建筑模型的制作材料非常丰富，要根据设计要求和投资状况综合考虑。在没有特殊要求的情况下，一般可作 1：3：6 划分，即将全部模型材料按数量、种类平分为 10 份，10％的高档材料用于点缀局部细节，例如，建筑门窗、路灯围栏、人物车辆等成品物件；30％的中档材料用于表现模型主立面外观，例如，装饰墙板、屋顶、台阶、草地、树木等半成品物件（见图 2-22）；60％的普通材料用于模型内部构造和连接材料，例如，墙体框架、地基板材、胶水、油漆颜料等。

图 2-22　建筑模型局部

在经济条件允许的情况下,可以适度采用成品件,这样可以大幅度提高工作效率,但不要过分依赖成品件,它们受制于设计风格和比例,并不是所有风格的沙发和所有比例的车辆都能买到。在概念模型中,大多数配饰品仍然需要独立制作。如果建筑模型的投资成本有限,也可以扬长避短,收集废旧板材用于基层制作,表面材料可以灵活选配。例如,砖块纹理墙板可以使用不干胶贴纸代替,植绒草皮纸可以使用染成绿色的锯末代替,纸板之间的粘贴可以使用双面胶或者白乳胶,而不一定全部使用模型胶等。

建筑模型最终还是由材料拼装而成的,尤其是商业展示模型,材料的种类一定要丰富,不能局限于 KT 板、纸板、贴纸、胶水几种万能原料,在必要的时候可以增加几种不同肌理质感的 PVC 板和有机玻璃板。不同材料相互穿插搭配,从而达到丰富、华丽的装饰效果。

四、模型的制作阶段

模型是一步一步完成的,其制作可分为以下几个阶段:

(1)底座的结构。

(2)地形、地势的建立。

(3)绿地、交通与水体。

(4)建筑物的制造。

(5)环境的补入与绿化种植。

(6)解说词(文字说明)。

(7)保护套、包装。

第三章 模型材料及其加工处理

材料与设备是建筑模型的制作媒介,它们的种类繁多,在选择时要以模型的设计目的、制作工艺、投资金额为依据,进行适当的选用。高档材料一般是指有机玻璃板、成品 PVC 板、配景物件等,它们的优势在于形体结构精致,能提高工作效率,常用于投资额度较大的商业展示模型(见图 3-1)。同样,高档材料加工难度大,需要运用精密的数控机床来加工,在硬件设施上投资也很大。中档材料一般是指印刷纸板、KT 板、彩色即时贴等,它们的优势在于成品低廉,能手工制作,使用普通裁纸刀、三角尺、胶水即可完成,但要提高工作效率,需积累大量经验后方可熟能生巧。

图 3-1 建筑模型设计

材料决定了模型的表面形态和立体形态。对于模型制造来说,可以应用不同的材料作为基本的元素或单一的配件,并且材料对于模型制造来说,材料选择取决于所处制作的阶段和所表现的内容。同时,材料也决定了模型的比例、可供使用的工具和模型制造者的手艺。最后,材料使制造者对不同原料的可能性、作用及它们互相配合的效应更敏锐。

在教学实践中,对材料与设备的选择应该尽可能多样化。在条件允许的情况下,建筑模型以中低档材料为主,适当添加成品装饰板和配景构建,甚至可以配合照明器具来渲染效果,以

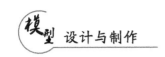

有限的条件去创造无限的精彩。

第一节　材料分类及优缺点

一、材料的分类

建筑模型的制作材料非常丰富,在使用中一定要分清类别,不同种类的材料要采取不同的加工技法,避免出现因材料特性不适应加工设备而造成的浪费。现有的模型材料可以按以下几种方式进行分类。

1. 通常的分类

(1)主材。主材是用于制作模型主体部分的材料。

(2)辅材。辅材是用于制作模型主体部分黏结、装饰、特效和清洁的材料。

2. 按化学成分分类

模型材料可以分为有机材料、无机材料、无机非金属材料、复合材料等几种。有机材料包括纸板、PVC板、专用胶黏剂等,而无机材料包括各种金属板材、杆材和管材等。无机非金属材料一般不便于加工,例如,石材、陶瓷、泥灰等,但是成型后的效果比较敦实。复合材料使用最多,但是成本较高,例如,各种塑料金属复合板和配景构建,在制作中可能要根据材料特性来变更模型设计方案。

3. 按成品形态分类

模型材料可以分为块材、板材、片材、杆材、管材等几种。

(1)块材。块材体量较大,长、宽、高之间比例在3倍以内,常用的材料有泡沫(聚苯乙烯)、原木等。

(2)材材。板材的截面长、宽比在3∶1以上,厚度为1.2~60mm,其中1.2~6mm之间的薄板规格与普通纸张相同(见图3-2),6mm以上的厚板一般为(长×宽)2400mm×1200mm。

图3-2　建筑模型材料

(3)片材。片材比较单薄,长、宽规格与板材相近,只是厚度一般在1.2mm以下,包括各种纸张、印刷纸板和透明胶片等。

(4)杆材。杆材与板材的外形相当,长度为截面边长或直径的10倍以上,中心为实心。

(5)管材。管材为空心,管材的壁厚直接影响材料的韧性。

模型材料被预制成固定形态有利于提高制作效率,但是要根据需要来选择,避免牵强搭配而造成不良效果。

4.按材料质地分类

模型材料可以分为纸材、木材、塑料、金属、复合等几种。纸材加工方便,成本低廉,包括各种印刷纸张和纸板。木材形体规整,体量感强,能加工成各种构件,包括木方、实木板、木芯板、胶合板、纤维板等。塑料材料的装饰效果最佳,多彩多样,肌理变化丰富,包括聚氯乙烯(PVC)、聚乙烯(PE)、聚苯乙烯(PS)、聚甲基丙烯酸甲酯(PMMA)、丙烯腈丁二烯苯乙烯共聚物(ABS)等。塑料材料形态覆盖方材、板材、片材、杆材、管材等全部,是建筑模型制作中不可或缺的材料。金属材料硬度高,表面光滑,能起到很好的支撑作用和装饰效果,包括不锈钢管/板、各种合金管/板等。

不同的材质具有不同的特性,要根据模型的制作需求作适当搭配,此外,在同一建筑模型中各种材料的比例不能完全等同,需要表现出重点。

二、不同材料的优缺点

传统六大材料的具体表现如下:

1.石膏材料

(1)优点:成型方便,易于直接浇注、车削加工成型、模板刮削成型、翻制粗模成型后加工、骨架浇注成型加工(见图3-3)。

图3-3　石膏建筑模型

(2)缺点:制作大模型会出现体积过重的问题,不易搬动,容易损坏,与其他材料连接的效果欠佳。

2.木质材料

(1)优点:质轻、密度小、有可塑性、易加工成型和易涂饰、材质与色纹美丽(见图3-4)。

(2)缺点:易燃、易受虫害影响,并会出现裂纹和弯曲变形等情况。

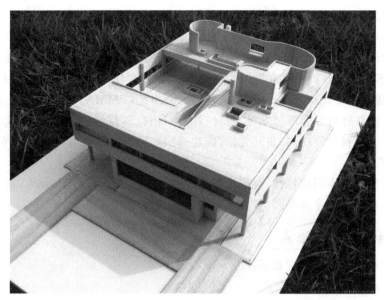

图 3-4　木质建筑模型

3.塑料

（1）优点：质轻、强度高、耐化学腐蚀性好，具有优异的绝缘性能而且耐磨损（发泡塑料除外）。热塑性塑料还可以受热成型（如聚氯乙烯、有机玻璃、ABS 塑料），成型效果好（见图3-5）。

（2）缺点：加工麻烦，费时、费事。

图 3-5　塑料建筑模型

4.油泥材料

（1）优点：加工方便、可塑性强，表面不易开裂并可以收光和刮腻后打磨涂饰，可以反复修改与回收使用，比较适合制作一些形态复杂与体量较大的模型。

（2）缺点：一方面模型尺寸的准确性难以把握，需要借助精确的放样或三坐标点测和对称定位加工,才能有效地保证形态的精确性。另一方面是在制作大模型时,必须与其他材料配合使用,才能节约材料成本和保证模型的强度。

5.玻璃钢材料

(1)优点:强度高、破损安全性好、成型工艺性优越,可制作批量产品,而且在玻璃钢材料表面上漆等材质处理方面具有较好的应用性能,特别是在大型产品后期模型的制作中,有着不可代替的优势。它也可以在一些产品的试生产阶段做到与生产线上产品一样的效果。

(2)缺点:耐磨性差,翻模制作麻烦。

6.纸质材料

(1)优点:价廉物美、适用范围广;品种、规格、色彩多样,易于折叠、切割、加工、变化和塑形;上手快、表现力强。

(2)缺点:材料物理特性较差、强度低、吸湿性强、受潮易变形,在建筑模型制作过程中,粘接速度慢,成型后不易修整。

第二节　主材及其加工处理

主材是指用于制作模型主体部分的材料,主要包括纸材、塑料、木材、玻璃、PVC、聚苯等。

一、纸质材料及其加工

纸质材料在现代建筑模型制作中应用最广泛,它的质地轻柔、规格多样、加工方便、印刷饰面丰富,能适应各种场合的需要[见图 3-6(a)、(b)]。纸质材料一般不独立使用,它的制作基础来源于其他型材,例如、KT 板、PVC 板、木板以及各种方材、管材等。单独使用纸材来制作模型的支撑构件容易造成变形、弯曲、气泡等现象。

目前,常用于建筑模型制作的纸质材料要有书写纸、卡纸、皮纹纸、瓦楞纸、厚纸板、箱纸板等,它们的厚度、质地均不同。在制作前要根据需要来制定选购计划,避免造成浪费。

(a)　　　　　　　　　　　　　(b)

图 3-6　纸质建筑模型

在纸质建筑的模型制作中,应用的粘贴材料主要有乳胶、双面胶,主要的制作工具有裁纸

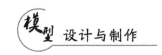
刀、手术刀、钢尺、铅笔、橡皮等。

1. 书写纸

书写纸又称为普通纸、复印纸,常见规格为标准 A 型纸,厚度为 70~80g,主要分为白色(见图 3-7)和彩色(见图 3-8)两种。最常见的 80g 彩色纸应用更广泛,可以随机穿插在模型中,表现出平和、自然的色泽效果。目前,在书写纸的基础上还加工成有色光面纸,它又包括高光纸与亚光纸两种,能为模型制作提供更多的选择。

图 3-7 书写纸　　　　　　　　图 3-8 彩色纸

2. 绘图(卡)纸

(1)性质。卡纸是每平方米重约 150g 以上,介于纸和纸板之间的一类厚纸的总称,主要用于明信片、卡片、画册衬纸等。卡纸纸面比较细致平滑、坚挺耐磨。根据用途,这类纸还有不同的特性,例如,明信片卡纸需要有良好的耐水性,米色卡纸需要有适当的柔软性等。在建筑模型中,卡纸可以用于基层表面找平或粘贴外部装饰层,主要有白卡纸(见图 3-9)、灰卡纸、黑卡纸(见图 3-10)、彩色卡纸等。

白卡纸的应用最多,它是一种坚挺厚实、定量较大的厚纸。它对白度要求很高,A 等品的白度不低于 92%,B 等品不低于 87%,C 等品不低于 82%,白度超过 90% 的产品就有点"光亮耀眼"了,白卡纸还要求有较高的挺度、耐破度和平滑度,纸面平整,不允许有条痕、斑点翘曲、变形等瑕疵。

图 3-9 白卡纸

图 3-10 黑卡纸

(2)加工。制作卡纸模型一般采用白色卡纸。如果需要其他颜色,可在白色卡纸上进行有色处理。

卡纸模型还可以采用不干胶色纸和各种装饰纸来装饰表面,采用其他材料装饰屋顶和道路。

卡纸模型的加工和组合主要是依靠切割工具进行,如墙纸刀、手术刀、单双面刀片、雕刻刀和剪刀等。

卡纸模型各板块或部件的组合方式很多,在制作上可采用折叠、切割、切折、切孔、附加等立体构成的方法进行制作,还可用泡沫塑料做成模型的体心。

3.皮纹纸

皮纹纸是特种纸中的一种,它种类繁多,是各种特殊用途纸或艺术纸的统称。皮纹纸原本主要用于印刷,因设计效果不尽相同,现在也可以用于建筑模型表面装饰,它色彩丰富、纹理逼真,选择的余地很大。

(1)合成纸。合成纸又称为聚合物纸和塑料纸,它是以合成树脂为主要原料,经过一定工艺把树脂熔融,通过挤压、延伸制成薄膜,然后进行纸化处理,赋予其天然植物纤维的白度、不透明度等优势而得到的纸质材料(见图 3-11、图 3-12)。

图 3-11　合成纸　　　　　　　　　　　图 3-12　彩色合成纸

（2）压纹纸。压纹纸是采用机械压花或皱纸的方法，在纸或纸板的表面形成凹凸图案（见图 3-13）。压纹纸通过压花来提高它的装饰效果，使纸张更具质感。目前，印刷用纸表面的压纹越来越普遍，胶版纸、铜版纸、白板纸、白卡纸等彩色染色纸张都在印刷前压花，这样作为"压花印刷纸"，可以大大提高纸张档次。

压花花纹种类很多，例如，布纹、斜布纹、直条纹、橘子皮纹、直网纹、针网纹、皮蛋纹、麻袋纹、格子纹、皮革纹、头皮纹、麻布纹、齿轮条纹等。这些压花广泛用于压花印刷纸、涂布书皮纸、漆皮纸、塑料合成纸、植物羊皮纸以及其他装饰纸材（见图 3-14）。

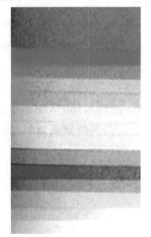

图 3-13　压纹纸　　　　　　　　　　　图 3-14　压纹纸

（3）花纹纸。花纹纸手感柔软，外观华美，用在建筑模型中具有更高贵的气质，令人赏心悦目。花纹纸品种较多，各具特色，较普通纸档次高。花纹纸主要包括抄网纸、仿古效果纸、斑点纸、非涂布花纹纸、刚古纸、珠光纸、金属花纹纸、金纸等（见图 3-15、图 3-16）。

　　抄网纸的线条图案若隐若现、质感柔和,部分进口抄网纸含有棉质,质感更柔和自然并且韧度很高。仿古效果纸以素色为主,质地古朴、美观、高雅。斑点纸中加入了多种杂物,生成矿石、飘雪、花瓣等装饰效果。非涂布花纹纸具有高档华丽的感觉,纸的两面均经过特殊处理,令纸的吸水率降低,以致印墨留在纸张表面,使油墨的质感效果更佳。刚古纸以特色的水印而举世闻名,至今已成为高品质商业、书写、印刷用纸的标志和代号,分为贵族、滑面、纹路、概念、数码等几大类。珠光纸纸张的色调可以根据观看角度的变化而产生不同的色彩感觉,它的光泽是由光线弥散折射到纸张表面而形成的,具有"闪银"效果。金属花纹纸是一种突破传统、全新概念的艺术纸,它不仅保持了高级纸张所固有的经典与美感,还独具创意地拥有正反面的金属色调,华贵而不俗气,稳重而不张扬,使其显现出迥异与一般艺术纸的鲜明气质。金纸与传统金箔具有本质差别,运用纳米科技研制的金纸,既能使彩色图像直接印刷与黄金之上,又能保留黄金的风采与性能,具有抗氧化、抗变色、防潮、防蛀的特性。

　　花纹纸的视觉效果缤纷特异,但是价格较高,在使用前要根据模型的创意需求来选择。

图 3-15　花纹纸

图 3-16　花纹纸制作模型

4. 瓦楞纸

　　瓦楞纸是由纸面、里纸、芯纸和加工成波形瓦楞的纸张黏合而成(见图 3-17),它可以加工成单面、三层、五层、七层、十一层等瓦楞纸板。不同波纹形状的瓦楞,粘接成的瓦楞纸板的装饰效果也有所不同。即使使用同样质量的面纸和里纸,由于瓦楞的差异,构成的瓦楞纸板的性能也有一定的区别。

　　瓦楞纸板的楞形形状主要分为 V 形、U 形和 UV 形三种。V 形瓦楞的平面抗压力值高,在使用中能节省黏合剂用量,节约瓦楞原纸。但这种 V 形的瓦楞做成的瓦楞纸板缓冲性差,瓦楞在受压或受冲击变散后不易恢复。U 形瓦楞纸着胶面积大,粘接牢固,富有一定弹性。当受到外力冲击时,不像 V 形瓦楞那样脆弱,但平面抗压力强度不如 V 形瓦楞。根据 V 形瓦楞和 U 形瓦楞的性能特点,目前已普遍使用综合二者优点而制作的 UV 形瓦楞纸,这种瓦楞纸加工出来的产品既保持了 V 形瓦楞的高抗压能力,又具备 U 形瓦楞的粘合强度高,富有一定弹性的特点。在模型中,瓦楞纸独特的装饰肌理弥补了普通平板的不足,但是瓦楞纸经过裁切后边缘难以平整,不适合制作细节部位。

图 3-17　瓦楞纸

5. 厚纸板

厚纸板是建筑模型中最常用的纸板，目前，一般将厚度大于 0.1mm 的纸称为纸板，也可以认定低于 225 g/m² 的为纸，高于 225 g/m² 的为纸板（见图 3-18）。

厚纸板大体分为包装用纸板、工业用纸板、建筑用纸板与装饰用纸板四大类，其中装饰用纸板主要用于建筑模型，厚度为 1~2mm，以 1.2mm 居多。厚纸板可以独立支撑建筑模型的重量，但是容易受潮，在模型组装时仍然要增加骨架基层。

厚纸板表面印刷色彩和图样比较丰富，可以根据需要选择，当没有合适的图样时，也可以采用即时贴或其他印刷纸材作覆盖装饰（见图 3-19）。

图 3-18　厚纸板

图 3-19　厚纸板制作模型

6. 箱纸板

箱纸板原本用于商品包装箱，用于保护被包装物件。它的质地较厚，达 3~8mm，中心为不同形式的空心结构，外表一般为土黄色，具有一定弹性。箱纸板的成本低廉，获取来源广泛，但是裁切、修正后精度不高，容易受潮，一般用于概念模型或模型的墙体夹层。

（1）牛皮箱纸板。牛皮箱纸板又称为牛皮卡纸，一般采用 100% 纯木浆制造，纸质坚挺，韧性好，是包装中所用的高级纸板，用于制造高档瓦楞纸箱（见图 3-20）。

（2）挂面箱纸板。挂面箱纸板用于制造中、低挡瓦楞纸箱。国产挂面箱纸板一般采用废纸浆、麦草浆、稻草浆等一种或两种混合作底浆，再以本色木浆挂面。其各项性能与挂面的质量密切相关，强度比牛皮箱纸板差。

（3）蜂窝纸板。蜂窝纸板是根据自然界蜂巢结构原理制作的，它是把瓦楞纸用胶水粘接成

图 3-20 箱纸板

无数个空心立体正六边形,使纸芯形成一个整体的受力件,并在其两面粘合面纸而成的一种新型夹层结构的环保节能材料。

二、木质材料及其加工

木质材料是最传统的模型材料,木材质地均衡、裁切方便、形体规整,自身的纹理是最好的装饰,在传统风格建筑模型中表现力非常强。木材的加工比较严谨,最好利用机械切割、打磨。光滑的切面与细腻的纹理是高档建筑模型的制胜关键(见图 3-21)。

现代模型材料非常丰富,除了实木以外还有各种成品木制加工材料,例如胶合板、木芯板、纤维板等。

图 3-21 木制模型

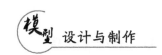

(一)木材性能与构造

1. 木材的性能

木材用于设计,已有悠久的历史。它材质轻、强度高;有较佳的弹性和韧性、耐冲击和振动;易于加工和表面涂饰,对电、热和声音有高度的绝缘性;特别是木材美丽的自然纹理、柔和温暖的视觉和触觉是其他材料所无法代替的。

(1)木材的物理性能。木材的物理特性,包括木材的水分、实质(指除去水分等条件所剩余的质量)、比重、干缩、湿胀,以及木料在干缩过程中所发生的缺欠(指从木材被砍伐到加工为可用材料的过程中被风干或蒸发而产生的材料减少或者质量流失)、导热、导电、吸湿、透水等。

木材的含水率情况主要如下:刚采伐的木材平均含水率为 $70\% \sim 140\%$,湿材含水率一般 100%,炉干材含水率一般为 $4\% \sim 12\%$,气干材含水率为 15%,绝干材含水率等于0。

木材的重量可分为实质相对密度和容积相对密度。所有木材的实质相对密度几乎不同,约为 $1.49 \sim 1.57$,平均为 1.54。容积相对密度是木材单位体积的重量,因树种不同而不同,其单位是 g/cm^3(或 kg/cm^3)。

木材是多空物质,在孔隙中充满空气,形成气隙阻碍导热。一般来说,干木材的导热系数值是比较小的。木材也有传声,速度因树种而不同,但与其他物质比较还是很小的,所以木材是很好的隔音材料。

(2)木材的力学性能。木材的力学性能就是木材抵抗外力作用的性能,一般从以下方面进行考察。

①强度:木材抵抗外部破坏的能力。

②硬度:木材抵抗其他物体压力的能力。

③弹性:外力停止作用后,能恢复原来的形状和尺寸的能力。

④刚性:木材抵抗形状变化的能力。

⑤塑性:木材保持形变的能力。

⑥韧性:木材易发生最大变形而不致被破坏的能力。

(3)木材的构造。树干是由树皮、木质部和髓心三部分组成。木质部是树干最主要部分,也是最有利用价值的部分。木质部分为边材和心材两部分。

2. 木材的特点

木材的特点主要有:①质轻;②具有天然的色泽和美丽的花纹;③相对稳定;④具有可塑性;⑤易加工和涂饰;⑥具有良好的绝缘性能;⑦易变形、易燃;⑧各向异性。

3. 木材的缺陷

常见的木材缺陷有节子、变色、腐朽、虫害、裂缝、夹皮、弯曲、斜纹等。认识木材的缺陷及其对材质的影响,是合理加工使用木材,保证产品模型质量的重要前提条件。

(二)模型常用木材

模型常用的木材:主要有实木、胶合板、木芯板、纤维板等。

1. 实木

实木具有天然的纹理和色泽,质地醇厚,具有独特的审美特性。用于建筑模型中的实木一般为软质树种(见图3-22),例如杨木、杉木、桃木、榉木、枣木、橡木、松木等,有特殊工艺要求的也可以选用柚木、檀木等硬质木材。现代实木材料一般被预制加工成型材,经过严格的脱水处理工艺,不变形、不起泡,方便选购。主要实木型材有片材、板材、杆材和成品配饰等。

图 3 - 22　木制模型

(1)片材。由于纸板有容易弯曲、折翘等问题,因此用木片来取代厚纸板。因木片的形体比纸板更加坚挺,所以国产片材以正规纸规格为参照。单张片材规格一般为 4 开,厚度为0.4mm、1.2mm,薄木片采用精密的进口切割机床生产(见图 3 - 23)。材质以质地平和的榉木、枣木为主,少数进口软质片材为了防止弯曲、断裂,还在木片背部粘贴一层纸板,这样就更容易涂胶固定。

图 3 - 23　薄木片

(2)板材。板材形体各异,主要以不同树种的体量为依据。乔木树种截面面积大,板面宽;灌木树种截面面积小,板面相对窄。随着现代木制品工艺的不断发展,高档成品木板也能做到无缝拼接,制成宽大的板面型材。常用于板材的原木树种有杉木、杨木、榉木等,其中以杉木应用最广。成品板材常被加工成(长×宽)2400mm×1200mm、2400mm×600mm、1200mm×600mm 和 600mm×300mm 等规格,厚度为 3mm、15mm,其中 3mm、5mm、6mm 的木板可以用做木质模型的外墙,既可以承重,又可围合装饰,它的使用频率最高(见图 3-24)。

图 3-24 实木板

(3)杆材。实木杆材是采用轻质木料加工而成的,主要分为方杆和圆杆两种,它的边长或直径为 1~12mm 不等,长度随着粗度而增加,一般为 200~1000mm(见图 3-25)。杆材主要用于制作木质模型的门窗边框、栏杆楼梯、细部支撑构造等。在选用时也可以搭配牙签、筷子等廉价竹制日用品,但是仍然要以模型的比例为准,不要被材料的形体结构所牵制。

图 3-25 木杆

图 3-26 木质成品配饰

(4)成品配饰。将木材加工成小型建筑构建或配饰品,能统一木质模型的表现风格,优化设计的形式美。成品配饰一般包括栏杆、小型亭台楼阁、家具、树木、车辆、人物等(见图 3-26)。它的比例主要有 1∶50、1∶100、1∶200、1∶500 等几种,能选择的范围不大,购买后要根据设计来涂饰油漆,避免棱角部位受到污染。对于大型木质建筑模型也可以参照实物,按比例制作。木质模型的表现亮点在于柔美的木质纹理,因此,不宜增添过多成品配饰,否则会造成喧宾夺主的不良效果。

2.胶合板

胶合板是由原木旋切成单板或采用木方刨切成薄木,再用黏胶剂胶合而成的三层或三层以上的薄板材,通常为奇数层单板,并使相邻层单板的纤维方向相互垂直排列胶合而成(见图3-27),因此,有三合、五合、七合等奇数层胶合板。胶合板既有天然木材的一切优点,重量轻、强度高、纹理美观、绝缘等,又可弥补天然木材自然产生的一些缺陷,例如结疤、幅面小、变形、纵横力学差异性大等。

图 3-27　胶合板

从结构上来看,胶合板的最外层单板称为表板,正面的表板称为面板,用的是质量最好的板材。反面的表板称为背板,用质量次之的板材。而内层的单板材称为芯板或中板,由质量较差的板材组成。胶合板的规格为(长×宽)2440mm×1220mm,厚度有 3mm、5mm、7mm、9mm、11mm、13mm、15mm、18mm、21mm 等多种规格。

用于建筑模型的胶合板是采用天然木质装饰板贴在胶合板上制成的人造板,装饰单板是用优质木材经刨切或旋切加工方法制成的薄木片,又称为饰面板。它可以弯曲,可以用来制作大幅度弧形构造,版面的纹理天然质朴、自然高贵,可以表现古典主义或田园风格的建筑模型。

3. 木芯板

木芯板又称为细木工板或大芯板,是具有实木板芯的胶合板,它将原木切割成条,拼接成芯,外表贴面材加工而成,其竖向(以芯板材走向区分)抗弯压强度差,但横向抗弯压强度较高(见图 3-28)。木芯板按加工工艺分为机拼板与手拼板两种,手工拼制是用人工将木条镶在夹板中,木条受到的挤压力较小,拼接不均匀,缝隙大,握钉力差,不能锯切加工,只适宜做整体钉接。而机拼的板材受到压力较大,缝隙极小,拼接平整,承重力均匀,长期使用则结构紧凑不易变形。木芯板按树种可分为杨木、杉木、松木等。质量好的板材表面光滑平整,不易翘曲变形,并且可根据表面砂光的情况将板材分为一面光和两面光两种类型。

木芯板的螺钉力好,强度高,具有质坚、吸声、绝热等特点,而且含水率不高,通常为 10%～30%,加工简便,木芯板比实木板材稳定性强,它的规格为(长×宽)2440mm×1220mm,厚度有 15mm 和 18mm 两种,在模型制作中一般要采用切割机做加工,常用于建筑模型的底板或粗大的隔墙板。

图 3-28　木芯板

图 3-29　纤维板

4. 纤维板

纤维板是以木质纤维或其他植物纤维为原料,经打碎、纤维分离、干燥后施加脲醛树脂或其他适用的黏胶剂,再经热压后制成的一种人造板材(见图 3-29)。

纤维板因经过防水处理,其吸湿性比木材小,性状稳定性、抗菌性都较好。纤维板按容重可以分为硬质纤维板、半硬质纤维板和软质纤维板,其性质与原料种类、制造工艺的不同而具有很大差异。通常硬质纤维板的容重为 0.8g/cm³ 以上,常为一面光或两面光的,具有良好的力学性能;半硬质纤维板(又称中密度纤维板)的容重为 0.4～0.8g/cm³;软质纤维板的容重在 0.4g/cm³ 以下。

在建筑模型中,以软质纤维板适用频率最高,表面经过喷塑或压塑处理,具有一定的装饰效果,主要用于模型底座、墙板、隔板等,它的规格为(长×宽)2440mm×1220mm,厚度为3～30mm。

5. 航模板

航模板是采用密度不大的木头(主要是泡桐木)经过化学处理而制成的板材。

三、塑料材料及其加工

塑料材料的发展最为迅速,它是合成的高分子化合物,可以自由改变形体样式,主要由合成树脂及填料、增塑剂、稳定剂、润滑剂、色料等添加剂组成。塑料与其他材料比较,具有耐化学侵蚀,有光泽,部分透明或半透明,重量轻且坚固,加工容易可大量生产,价格便宜,用途广泛,容易着色等特点。

根据塑料的使用特性,通常分为通用塑料、工程塑料和特种塑料三种类型。建筑模型专用的型材属于通用塑料,主要有聚氯乙烯(PVC)、聚乙烯(PE)、聚苯乙烯(PS)、聚甲基丙烯酸甲酯(PMMA)、丙烯腈丁二烯苯乙烯共聚物(ABS)等。

1. 聚氯乙烯

聚氯乙烯又称为 PVC,全名为 Polyvinyl chlorid,是当今世界上使用频率最高的塑料材料,它是一种乙烯基的聚合物质,属于非结晶性材料(见图 3-30)。PVC 在实际使用中经常加入稳定剂、润滑剂、辅助加工剂、色料、抗冲击剂及其他添加剂,具有不易燃、高强度、耐气候变化以及优良的几何稳定性。

PVC 的应用涉及各行各业,它具有稳定的物理性质和化学性质,不溶于水、酒精、汽油,对气体和水的渗透性低,在常温下可耐任何浓度的盐酸、90%以下的硫酸、50%～60%的硝酸和

图3-30 PVC板制作模型

20%以下的烧碱溶液,具有一定的抗化学腐蚀性,在建筑模型中能应对各种黏胶剂,质量非常稳定。但是PVC材料的光、热稳定性较差,在100℃以上或经长时间阳光暴晒,就会分解产生氯化氢,并进一步自动催化分解、变色、力学物理性能迅速下降,因此在实际应用中必须加入稳定剂以提高对热和光的稳定性。

建筑模型中常用的PVC材料包括板材(见图3-31)、杆材、管材(见图3-32)、成品件等,其中板材使用最多,整张规格为(长×宽)2440mm×1220mm,厚度为1~20mm,平板的颜色主要有白色、米黄色两种,凸凹纹理板材具有多种色彩,PVC板可以用于建筑模型的墙体围合。杆材与管材常用于模型中的支撑构件,例如栏杆、横梁、柱子等。成品件包括人物、树木、车辆等配景,在应用时可以根据需要涂饰色彩。

PVC板根据质地可分为软PVC板和硬PVC板,其中硬PVC板大约占市场的2/3,软PVC板占1/3。

(1)硬PVC板:白色,不透明,不含柔软剂,因此柔韧性好、易成型,是理想的模型材料。常用厚度有0.5mm、1mm、2~5mm。

硬PVC板的优点:易于加工、易弯曲、易成型、不易脆、无毒无污染、保存时间长,可电镀、可喷涂面饰。

硬PVC板的缺点:材质结构密度不高,烘烤压模时要随时掌握材料烘软的程度,喷漆面饰表层不够细腻。

(2)软PVC板(卷材):不透明,表面光泽,柔软,有棕色、绿色、白色、灰色等多种颜色可供选择。软PVC板的性能特点有:柔软耐寒,耐磨,耐酸、碱,耐腐蚀,抗撕裂性优良。厚度为1~10mm,最大宽度为1300mm。

(3)PVC透明板:该产品是一种高强度、高透明的塑料板材。产品颜色有白色、宝石蓝、茶色、咖啡色等多个品种。PVC透明板的性能特点为:高强度,高透明,无毒,卫生,其物理特性优于有机玻璃。厚度为2~20mm,最大宽度为1300mm,长度为100~10000mm。

图 3 - 31　PVC 板

图 3 - 32　PVC 管/杆

2. 聚乙烯

聚乙烯简称 PE,也是一种应用广泛的高分子材料。聚乙烯无臭、无毒、手感似蜡(见图 3 - 33),具有优良的耐低温性能,最低使用温度可达 100℃,化学稳定性好,能耐大多数酸碱的侵蚀(不耐具有氧化性质的酸),常温下不溶于一般溶剂,吸水性能小,电绝缘性能优良,但是聚乙烯材料对外界的受力(化学与机械作用)很敏感,耐热、耐老化性差。

建筑模型中常用的 PE 材料包括硬质板材(见图 3 - 34)、杆材、管材(见图 3 - 35)等,它的色彩柔和、质地细腻,具有半透光效果。整张板材的规格为(长×宽)2440mm×1220mm,厚度为 1～20mm,颜色主要以白色为主,手工裁切时力度要大,一般采用机械加工。

图 3 - 33　彩色 PE 板

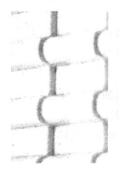
图 3 - 34　PE 成品瓦

图 3 - 35　PE 杆/管材

3. 聚苯乙烯

聚苯乙烯简称 PS,是一种无色热塑性塑料,它具有高于 100℃ 的转化温度。聚苯乙烯的化学稳定性较差,可以被多种有机溶剂溶解,会被强碱强酸腐蚀,不抗油脂,在受到紫外光照射后易变色。聚苯乙烯质地硬而脆,无色透明,可以和多种燃料混合产生不同的颜色。

建筑模型中常用的聚苯乙烯是板材,有发泡的和未发泡的两种(见图 3 - 36、图 3 - 37),整张板材的规格为(长×宽)2440mm×1220mm,厚度为 10～60mm,主要用于模型的形体塑造或底板制作,色彩有白色、蓝色、米黄色、灰褐色等多种。在裁切时要注意将刀具完全垂直于板面,最好采用热熔钢丝锯加工,裁切后的表面需要使用砂纸或打磨机进一步处理。

在聚苯乙烯的基础上,上下表面各增加一层 PVC 彩色薄膜,就形成了 KT 板(见图 3 - 38),整张 KT 板规格为(长×宽)2400mm×900mm、2400mm×1200mm,厚度有 3mm、5mm、10mm 三种,KT 板丰富了聚苯乙烯材料,常用于建筑模型的墙体或基层构造。

聚苯乙烯在市场上经常出售的有 HIPS 和 GPPS 两种,HIPS 为改性的高抗冲击性的聚苯乙烯,具有很好的抗冲击性能;GPPS(或 GPS)为普通聚苯乙烯。

由于该材料质地较粗糙,一般只用于制作方案构思模型,研究大体量的穿插关系,在环境上可用于地形、地貌的制作。在设计工作的初步阶段,无论是产品形态观测模型还是建筑单体模型与整体规划模型,使用泡沫材料将设计物体的大体分布和形态表现出来,是十分简洁和方便的。

聚苯乙烯的优点:造价低、材质轻、质地松软、易于加工,有良好的透明性(透光率为 88%～92%)和表面光泽,容易染色、硬度高、刚性好,有良好的耐水性。

聚苯乙烯的缺点:质地粗糙,不易着色,容易被腐蚀(着色时不能选用带有烯料类的涂料)。

图 3-36　PS 板

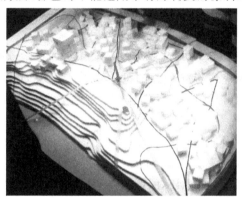

图 3-37　PS 板制作模型

图 3-38　KT 板

泡沫塑料板是制作模型中最廉价易得的模型材料,在做产品设计的方案研讨及调整形态时多用此材料,也是模型课程教学中师生们的首选材料。

泡沫塑料板加工方便,所用到的工具不多,一般用 24 牙手工钢锯、电动线锯、钢丝锯、裁纸刀、电热切割器即可加工。

通常用钢丝锯或电动线锯进行切割,用裁纸刀、手术刀、锉、砂纸等辅助工具修整。泡沫塑料制成的模型部件,一般用双面胶条或乳咬粘接组合。

泡沫塑料板的加工方法如下:

(1)切割。泡沫塑料板切割分为冷切与热切两种。

(2)锉削。切割形样的边或模型的表面,视锉削量的大小多少,可选用各种锉刀进行锉削加工。

(3)磨削。加工锉削后,模型表面还会比较粗糙,需用砂布或砂纸进行打磨。

(4)黏结。在块体黏结时,应依据两连接面之间的大小、位置准确加工好定位销与定位孔,再刷上白乳胶或合成胶水;将块体合起夹紧固定,待干后进行修正合面线及细部处理。

(5)修补。模型形体黏结好后,在面饰前要仔细修补表面所留的凹凸痕迹缺陷,用锉刀和砂布去掉凸的痕迹,用水性腻子填补凹的痕迹,待干后用砂布轻轻打磨到所需的程度。

(6)面饰。泡沫塑料板模型表面有很多的小孔,用水加点白乳胶与石膏粉混合,搅拌成很稀的膏灰浆抹刷在表面(干后再抹刷一次);待表面浆体干固后,用细砂布打磨平整光滑,再用气囊吹净粉尘,刷上一层白乳胶或喷涂一层虫胶漆,干后就可进行喷漆面饰了。

4.聚甲基丙烯酸甲酯

聚甲基丙烯酸甲酯又称 PMMA,俗称亚克力、有机玻璃,它呈无色透明的玻璃状,具有极为优越的光学性能,是一种高度透明的热塑性塑料,透光率达到 90%~92%,获得了广泛的应用,但是其表面硬度较低,容易被硬物划伤。PMMA 的产品有片材、杆材、管材等品种。

建筑模型中常用的有机玻璃材料主要为片材和板材(见图 3-39),片材与 A 型纸张规格相当,厚度为 0.1~1mm 不等,板材规格为(长×宽)2440mm×1220mm,厚度为 1~6mm,有机玻璃板的色彩丰富,主要有透明、半透明、乳白、米黄、中绿、浅蓝等多种色彩,它主要用于建筑模型的墙体、门窗(见图 3-40)、水泊、反光构件等。在使用时可以作热加工处理,制成弧形或圆形构造。

有机玻璃的加工方法如下:

(1)烘软:可以弯曲成型,非常适合用来制作弧形的建筑模型部件。

(2)切割:可采用机械工具和手工工具。

(3)粘接:较简便,黏结剂采用丙酮或氯仿溶剂。

有机玻璃的加工工具有:①小型的有机玻璃加工工具有勾刀、铲刀、切圆器、什锦锉、什锦钳、起子、手钳、台钳等;②电动工具有台锯、砂轮机、电钻、台式曲线锯、曲线锯、手提盘锯、磨光机、压刨机等;③辅助工具有大小钢锯、钢尺、砂纸、刨子、角尺等;④机械有小型车床、雕刻机、气泵、大小喷枪或喷壶、小气泵、喷笔等。

有机玻璃也可以采用各种装饰纸作为面饰,如不干胶和色纸等。

图 3-39 PMMA 板

图 3-40 PMMA 板制作模型

5.丙烯腈丁二烯苯乙烯共聚物

丙烯腈丁二烯苯乙烯共聚物简称 ABS,ABS 板是一种新型的模型制作材料,称为工程塑料。该材料为磁白色,厚度 0.3~5mm,由丙烯腈(A)、丁二烯(B)、苯乙烯(S)三种成分组成。

丙烯腈丁二烯苯乙烯共聚物中丙烯腈占 15％～35％,丁二烯 5％～30％,苯乙烯占 40％～60％,最常见的比例是 A：B：S＝20：30：50,ABS 树脂熔点为 175℃。它是一种强度高、韧性好、易于加工成型的热塑型高分子材料。ABS 树脂是微黄色固体,有一定的韧性,它的抗酸、碱、盐的腐蚀能力比较强,可以在一定程度上耐受有机溶剂溶解。ABS 材料有很好的成型性,加工出的产品表面光洁,易于染色和电镀。

建筑模型中常用的 ABS 板,主要有高光板、亚光板(见图 3-41)、皮纹板(见图 3-42)、复合植绒板等几种,板材规格为(长×宽)1200mm×1000mm,厚度为 0.8～8mm,ABS 板质地较硬,但是可以弯曲成型,裁切时要使用机械加工。

ABS 板是现今流行的手工及电脑雕刻加工制作的主要材料。

ABS 板的优点:表面硬度高,尺寸稳定,耐化学性良好、电性能良好,表面可电镀、喷涂。材质挺括、细腻、易加工,有特殊的成型能力。着色力、可塑性强,弹性好,也容易加热变形。

ABS 板的缺点:材料热塑性偏大。

图 3-41 ABS 板

图 3-42 彩色 ABS 版

6.塑料模型加工方法

用塑料来制作模型的,通常是展示概念模型、仿真模型或产品样机。一般选用的材料是有机玻璃板、PVC 板、ABS 板等。

常用切割方法有:①用勾刀、墙纸刀切削;②用钢锯或线锯锯削;③用手工刨刨削。常用的黏结剂有三氯甲烷、二氯乙烷、502 胶水等。

曲面、弧面、球面的制作:要先用石膏、木胶合板、密度板等材料加工成型模(冲模或母模),再将塑料板加温而冲压成型或围合成型。

塑料加温软化成型的方法:要根据材料的耐温特性而定,有机玻璃加温在 80～100℃,可选用热水浸烫,红外线灯照射,高温电吹风机加热等方法。PVC 板材加温在 100～120℃,可选用干燥箱或调温烘烤箱的加热方法。

四、玻璃板材及玻璃钢模型材料

模型制作所使用的玻璃板材,其厚度通常为 0.5～3mm,分为透明板和不透明板两类(见图 3-43、图 3-44)。透明板一般用于制作建筑物玻璃和采光部分,不透明板主要用于制作主体部分。

图 3-43　透明玻璃　　　　　　　　图 3-44　不透明玻璃

(一)矿物玻璃(窗玻璃)

矿物玻璃质地硬且易碎,切割时不要太用力压;窗玻璃厚大约为 1.8mm,铸造玻璃则是 3~4mm或更厚;玻璃经过倒角、钢化之后,常被用来制作大型模型的防护外罩。

矿物玻璃的优点:透亮、质地细腻、挺括、可塑性强,通过热加工可以制作各种曲面、弧面、球面的造型。缺点是容易划伤表面、易碎且加工工艺复杂。

(二)玻璃钢模型材料

1.材料

玻璃纤维增强复合材料是复合材料的重要组成部分,其中以玻璃纤维增强塑料为主,在国内俗称玻璃钢(FRP)。

玻璃钢作为一种复合材料的重要组成,根据其材料自身的性能特点,广泛应用于建筑材料、船舶、雕塑、工艺品、汽车车辆、电器零件、容器、体育、娱乐等工业生产领域中。

2.主要组成与性能特征

(1)玻璃钢的主要组成:增强材料(玻璃纤维)和基体材料(树脂)。

(2)玻璃钢材料在模型制作中的性能特征:强度高、破损安全性好、成型工艺性优越、可制作批量产品及进行同材料模型翻制、耐磨性差、可制作的产品和模型尺度不限、可作表面上漆等材质处理等。

3.在产品设计中应用玻璃钢材料模型的范围

(1)在制作玻璃钢模型前,必须有其他各材质的模型或实物作为翻制玻璃钢模具的前提条件,即先有实体。

(2)有小批量制作该模型的需要。

(3)以玻璃钢为材料代替物进行产品小批量试生产。

(4)设计产品的本身材质就是玻璃钢制品。

(5)制作大型产品模型,要便于运输、展览等需求。

(6)产品模型中需置入其他元件、材料的实体模型壳体。

只有符合以上条件需要,才有在现有其他模型材料上制作玻璃钢材料模型的实际意义。特别是在交通工具的壳体部件、游艺玩具、工艺类产品等大型模型的制作应用上,应用玻璃钢材料模型较为广泛。

五、金属材料

金属材料在现代建筑模型中虽然应用不多,但是它具有坚硬的质地、光滑的表面、浑厚的体量,仍然是模型制作中不可或缺的材料。金属材料主要用于模型支撑构件和连接构件的制作,少数创意为了可以表现金属质感,也会将金属板材用作围合装饰。常用于模型的金属材料主要有铁丝、螺钉、不锈钢型材等。

1.铁丝

铁丝是采用低碳钢拉制成的一种金属丝,其成分不同,用途也不一样,它的主要成分有铁、钴、铜、碳、锌、镍等多种元素。将炙热的金属坯轧成 5mm 粗的金属条,再将其放入拉丝装置内拉成不同直径的线,并逐步缩小拉丝盘的孔径,经过冷却、退火、涂镀等加工工艺,制成各种不同规格的铁丝(见图 3-45)。

常用于建筑模型的铁丝规格为(直径)0.5～2mm,除了金属本色产品以外,还有缠绕包装纸的装饰铁丝,主要用于基层构造或支撑构造绑定。铁丝的加固强度要大大高于黏胶剂,但是要注意外部装饰,或者将其排列整齐,不能过于凌乱或影响其他材料的使用。

2.螺钉

螺钉全称为螺丝钉,是指小的圆柱形或圆锥形金属杆上带螺纹的零件(见图 3-46)。螺钉的材质主要有铜、铁、合金等几种,其中铜质螺钉硬度较高,适合金属件的连接,铁质、合金螺钉适用于木质材料的连接。螺钉的常用规格为(长)20mm～60mm,每递增 5mm 为一种规格。建筑模型中的螺钉主要用于连接大型构件,尤其是建筑实体与底盘,螺钉连接后外观平滑自然,无痕迹。

图 3-45　铁丝图

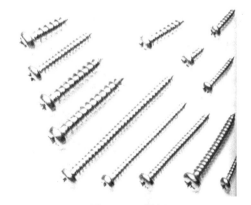

图 3-46　螺钉

3.不锈钢型材

不锈钢原本用于建筑装饰领域,但是它独特的光洁效果也能使建筑模型增色不少(见图 3-47)。不锈钢的耐腐蚀性取决于铬,但是由于铬是钢的组成成分之一,用铬对钢进行合金化处理时,把表面氧化物的类型变成了类似于纯铬金属上形成的表面氧化物,这种紧密黏附的富铬氧化物保护钢材表面,防止其被进一步地氧化。这种氧化层极薄,使不锈钢具有独特的表现。

不锈钢的硬度很高,但用于建筑模型制作的型材一般比较单薄,板材规格为(长×宽)2440mm×1220mm,厚度有 0.5mm、0.6mm、0.8mm、1mm 等几种,表面效果分镜面板、雾面板、丝光板等,折叠时需要采用模具固定,一旦错误弯折就很难还原。不锈钢管主要用于建筑

图 3 - 47　不锈钢板

模型中的立柱或者支撑构造,常用规格为(直径/边长)10～60mm,每递增 5mm 为一种规格。

六、石膏类材料及其加工

1. 材料及特点

石膏,是一种适用范围较广泛的传统材料(见图 3 - 48)。石膏在常温下从液态转化成固态,易于成型和加工,又易于进行表面涂饰和与其他材料结合使用。该材料为白色粉末状(也有灰色),是将天然石膏进行煅烧而成的半水石膏,加水干燥后成为固体。

图 3 - 48　石膏材料

2.**石膏模型加工准备**

(1)制模。石膏粉与水的比例取 1：1.2—1：1.4 为宜(医用石膏粉为首选材料)。

(2)注浆。石膏粉与水的比例为 4：3。

(3)母模。石膏粉与水的比例为 5：4。

膏体凝固的时间、密度、气孔率和机械强度与水的比例、水温、搅拌时间、搅拌速度及搅拌均匀度密切相关。水量越少,搅拌速度越慢,搅拌时间越短,水温越高,凝固越快,气孔率越低,膏体密度越大,强度越高(硬度高,也难加工);反之,凝固时间慢,膏体密度小,气孔率高,强度就降低(硬度低,较为松软,干后像粉笔,难以做精,难以面饰)。

石膏模型加工的工具主要有:雕塑转动加工台、旋胚机(加工类似圆柱的规整模型)、雕塑刀、木刻刀、刮刀、铲刀、钢锯条、卡规等。辅助加工材料有油毡(翻模用材料)、脱模汁等。

3.**石膏模型成型方法**

石膏粉在吸水后有迅速固化的特点,所以对水分的掌握是调浆工艺的关键。

调制的方法是根据模型的体量,用盆盛好适量的清水(切忌先放石膏后加水),用手将石膏均匀地洒入水中,当石膏粉堆出水面一部分时,轻轻摇动盆使石膏水中的空气逸出;然后把余水倒出,从盆底开始搅拌,搅拌时均匀而缓慢,避免起泡,搅拌的时间不能过长;搅拌后石膏成为浆状,开始慢慢凝固,此时要立刻开始浇注。

初型模板选用木块、胶片板、薄型锌片板、不锈钢板等材料做底板与围壁。使用时,为防止石膏浆漏出,用黏土把围壁底部和围合接缝处的间隙填塞好即可浇注。由于制作石膏模型时膏体容量与多种物质黏结,浇注前应在模腔内涂刷一层脱模剂(肥皂水)。

4.**石膏模型的黏接与修理**

有的石膏模型是由多个块体黏接拼合而成的,有时某些部位会发生断裂或碰损而需要黏合。通常的方法是用白乳胶黏接,也可以在白乳胶中适量地掺混石膏粉,以提高黏接的牢固度和速度。

制作石膏模型时难以避免出现一些气孔、坑凹及留下痕迹等缺陷,需要填充修理(见图3-49)。当设计者要加工处理一个石膏模型时,他会用沾满水的毛刷或海绵来湿润要处理的地方,再用湿毛笔粘上石膏粉逐处填补,待干固后,用刀、锐角铁之类的东西轻轻切削,打磨掉修补的痕迹。

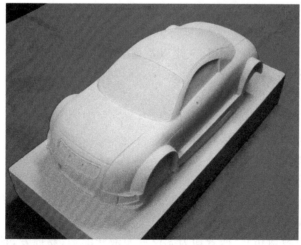

图3-49 石膏模型制作

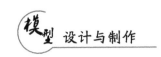

5.石膏模型面饰方法

石膏模型材料成型虽然方便,具有易于直接浇注、车削加工成型、模板刮削成型、翻制粗模成型后加工、骨架浇注成型加工等较好的优势,但是如果用石膏制作大模型则会出现体积过重的问题,不易搬动,容易损坏,而且与其他材料连接的效果也欠佳。石膏模型常用面饰的方法有:

(1)喷涂着色法,即在模型上用酒精漆片(虫胶漆)涂覆一层漆膜,再喷饰色漆。

(2)混合着色法,即在水中加入色素或水粉色,再与膏灰一起搅拌混合,待凝固后无论采取何种加工方法,都具有较均匀的色彩效果。

第三节 辅材及其加工处理

辅材是用于制作模型主体部分粘结、装饰、特效和清洁的材料。在模型制作中,确定了主要制作用材之后,辅助材料显得比较随意。首先是材料科学的发展使得其可供选择的范围扩大,其次是表面处理的手段也更加多样化。

一、各种黏结剂

黏结剂是建筑模型制作中必备的辅助材料,它能快速黏结模型材料,相对于构件连接的方式,它能大幅提升工作效率。现代模型材料种类丰富,要根据材料的特性正确选用,不能一味追求万能的黏结效果。目前常用的黏结剂主要有不干胶、白乳胶、502胶、硅酮玻璃胶、透明强力胶等几种。

(一)黏结剂的原理和要求

1.黏结原理

黏结剂的黏结原理主要表现为附着性和内聚性。材质和黏结剂间的接触面越窄,就越能达到高度的附着力;内聚性依黏结剂的品质而定,当黏结剂被均匀且不是太厚地涂上时,内聚性的力量将得到最好的利用。

2.接缝

粘贴处接缝的耐久性不仅取决于适合材质的黏结剂,还取决于对接缝处的处理。

3.黏结的操作要领

(1)清除表面的异物(剩余的颜料、灰尘以及剩余的黏结剂);

(2)利用磨光将表面弄粗糙;

(3)黏结面去脂(酒精、稀释硝基);

(4)干燥黏结面;

(5)不触摸准备好的黏结面(皮肤油脂);

(6)均匀且薄薄地涂上黏结剂;

(7)等待空气排出的时间(如果有这样的状况的话);

(8)让新涂上的粘贴面远离灰尘,停止磨光机和电锯的工作,直到这些部分被接合为止。

(二)有化学反应的溶解型黏结剂

(1)丙酮、三氯甲烷(氯仿)。两者均为无色透明液状溶剂,易挥发,是黏接有机玻璃板、赛璐路片、ABS板的最佳黏结剂。但是这些溶剂一般易燃、易挥发、有毒,所以在黏结时要注意通风,注意安全,使用后要妥善避光保存溶剂。

使用丙酮和氯仿进行黏结操作的要领包括:

①被黏结物的表面要清洁、平整,有水分、油污会影响黏结质量。

②两个被黏结物之间的黏结形式有搭接、对接、斜接和凹凸接等数种。

③黏合剂的涂刷方法有针管注射和毛笔涂刷等。

④黏结前应将被粘物表面处理毛糙,并用涂刷工具将黏合剂涂刷均匀。

⑤用黏合剂分别涂在工作件的两个黏结面上,待稍溶解黏结面时,应按正确的位置进行黏结,并适当施加一定的压力将工件黏合在一起。

⑥丙酮和氯仿溶剂蒸发快,干燥速度快,一般在黏结后半小时左右即可使用。

⑦丙酮和氯仿都有毒性,并容易挥发,在使用时要注意安全并妥善保存。

(2)502 胶。502 胶是以 α-氰基丙烯酸乙酯为主,加入增黏剂、稳定剂、阻聚剂等,通过先进生产工艺合成的单组分瞬间固化黏胶剂(见图 3-50)。它具有无色透明、低黏度、不可燃,成分单一、无溶剂等特点,但是稍有刺激气味、易挥发、挥发出的气体具有弱催泪作用。它的黏结原理是在空气中的微量水催化下发生加聚反应,迅速固化而将被黏结物粘牢。由于此胶能瞬间快速固化,又称为瞬干胶,能黏结金属、橡胶、玻璃等,非常适合暂时黏接,广泛用于钢铁、有色金属、非金属陶瓷、玻璃、木材皮革等自身或相互间的粘合。502 胶保存时应封好放于阴凉处,避免高温或者氧化影响其黏结力。在做模型时,通常使用的是 502 胶、504 胶等同类胶黏剂,一般在化工商店和装饰材料店都可买到。

(3)U 胶。HART 黏接剂又称 U 胶,是一种无色透明液状黏稠体。U 胶适用范围广泛,使用简便,干燥速度快,黏结强度高、耐碰撞、耐冲击;黏结点无明显胶痕,易保存,是目前较为流行的一种黏结剂。U 胶对漆和 ABS 板有腐蚀性,易破坏油漆面,使用时要小心。现在市面上出售的 U 胶多产自德国。

(4)硅酮玻璃胶。硅酮玻璃胶从产品包装上可分为两类,即单组分和双组分硅酮玻璃胶。单组分的硅酮玻璃胶,其固化是靠接触空气中的水分而产生物理性质的改变;双组分硅酮玻璃胶则是将硅酮分为 A、B 两组,任何一组单独存在都不能形成固化,但是两组胶混合就立即产生固化。目前市场上常见的是单组分硅酮玻璃胶(见图 3-51),它类似于软膏,一旦接触空气中的水分就会固化成坚韧的橡胶类固体材料。硅酮玻璃胶的黏结力强,拉伸强度大,同时又具有耐候性、抗震性、防潮、抗臭气和适应冷热变化大的特点。

硅酮玻璃胶主要用于光洁的金属、玻璃、不含油脂的木材、硅酮树脂、加硫硅橡胶、陶瓷、天然及合成纤维以及部分油漆塑料表面的粘接。优质硅酮玻璃胶在 0℃ 以下使用不会发生挤压不出、物理特性改变等现象。充分固化的硅酮玻璃胶在环境温度达到 204℃ 时,有效时间会缩短。目前,硅酮玻璃胶有多种颜色,常用的颜色有黑色、瓷白、透明、银灰、灰、古铜等六种。

图 3-50　502 胶

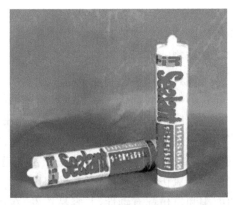

图 3-51　硅酮玻璃胶

（5）透明强力胶。透明强力胶又称为模型胶、万能胶，是目前最流行的建筑模型黏胶剂。它的主要成分是乙酸甲酯、丙酮，它具有快速黏结模型材料的特性，适用于各种纸材、木材、塑料、纺织品、皮革、陶瓷、玻璃、大理石、毛毯、金属等材料，常见包装规格为 20ml、33ml、125ml等。将胶水均匀涂抹在黏结面上即可黏结，胶水质地完全透明，真实反映材料的原始形态（见图 3-52）。

（6）热溶胶。热溶胶为乳白色棒状，一般是通过热溶枪加热，将胶棒溶解在黏结缝上。其黏结速度快，无毒、无味，通过胶枪使用更为方便，黏结强度高。

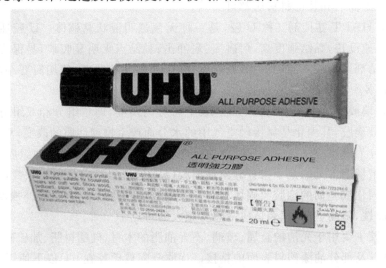

图 3-52　透明强力胶

（三）无化学反应的黏结剂

1.白乳胶

白乳胶原名聚醋酸乙烯黏胶剂，是由醋酸与乙烯合成醋酸乙烯，再经乳液聚合而成的乳白色稠厚液体（见图 3-53）。白乳胶质量稳定，可常温固化，黏结强度高，黏结层具有较好的韧性和耐久性，且不易老化。白乳胶广泛应用于厚纸板之间的黏结，同时也可以作为木材的黏胶剂。使用白乳胶黏贴木材时，需要按压固定 5～10min，木材之间要具有转角形式的接触面（榫口），但不能用于其他材料的黏结。

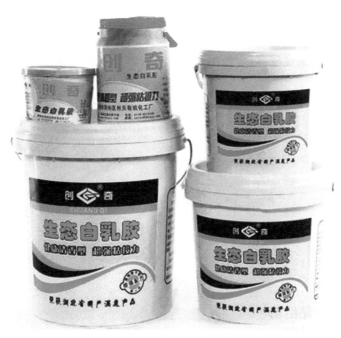

图 3-53 白乳胶

2. 普通胶水

普通胶水为水质透明液体,适用于各类纸张黏结,其特点与白乳胶相同,黏结强度略低于白乳胶。市场上也有固体胶棒出售。

3. 喷胶

喷胶为罐装五色透明胶体,该黏结剂适用范围广、黏结强度大,即喷即用,使用简便。在黏结时,只需轻轻按动喷嘴即可均匀地喷到被黏结物表面,数秒后即可进行黏贴。该黏结剂特别适用于较大面积的纸类黏结或不便刷胶的物体黏结。

4. 单面胶带

单面胶带又称美纹纸(见图 3-54),主要在喷漆时起遮盖作用,喷漆完毕后即可揭开。单面胶为纸基黏接材料,按不同规格分为不同宽度,其适用范围很广,尤其是在分色喷漆时必不可少。

图 3-54 单面胶带

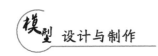

5. 双面胶带

双面胶带(见图3-55)为带状粘接材料,胶带宽度不等,胶体附着在带基上。该胶带适用范围广,使用简便,黏结强度较高,主要用于大面积平面纸类的双面黏结。

图3-55 双面胶带

(四)其他特殊类黏结剂

其他特殊的黏结剂有四氢呋喃,导电胶,无影胶等。

二、即时贴、双面贴、窗贴

即时贴、双面贴、窗贴是应用非常广泛的一种展览、展示性用材。该材料的品种、规格、色彩十分丰富,主要用于制作道路、磨砂玻璃、道路分界线、水面、绿化及建筑主体的细部。该材料价格低廉,剪裁方便,单、双面覆胶,是一种表现力较强的模型制作材料,其缺点是黏结的耐久性不强,因为模型有时黏接面太小(见图3-56)。

图3-56 即时黏胶纸

三、植绒即时贴、仿真草皮

植绒即时贴,是一种表层为短毛绒面的装饰材料,又称"绒纸"或草皮纸(见图3-57)。用它可做草坪、绿地、球场、底台面等,它的色彩较少。仿真草皮又叫草绒纸,是用于制作模型绿地的一种专用材料。

绒纸可根据需要自制,其方法是将细锯末染上所需的颜色,然后选择相应的有色卡纸,在卡纸表面涂上乳胶,再将染色的锯末撒在纸上,反复粘撒,直至达到所需的效果为止。

四、绿地粉

绿地粉主要是草粉和树粉,用于绿化树木和草地的制作。该材料为粉末颗粒状,色彩种类较多,通过调和可制成多种绿化效果,是目前制作绿地环境常用的一种材料(见图 3 - 58)。目前市面上有成品出售。

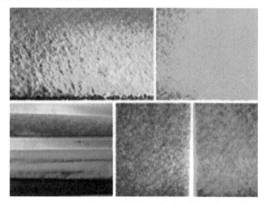

图 3 - 57　草皮纸

图 3 - 58　草粉

五、发泡海绵(泡沫塑料)

泡沫塑料主要用于绿化环境的制作。该材料以塑料为原料,经过发泡工艺制成,染色后是制作比较复杂的山地、沙滩、树木等环境的理想材料,它具有不同的孔隙与膨松度。泡沫塑料松软、弹性好、透气、可塑性强,经过特殊的处理和加工后,可制成各种仿真程度极高的树木、草坪和花坛,是一种使用范围广、价格低廉的制作绿化环境的基本材料。

在制作时,用剪刀或手工刀来修剪所需的形状,一般是剪成球形、锥形和自由形等。在制成所需的形状后,用颜料染成所需的颜色。

六、橡皮泥(油泥)

油泥模型材料加工由于其材料的优良性能(见图 3 - 59),不但加工方便、可塑性强,而且表面不易开裂并可以收光和刮腻后打磨涂饰,还可以反复修改与回收使用,所以比较适合制作一些形态复杂与体量较大的模型。其弊端是:一方面模型尺寸的准确性难以把握,需要借助精确的放样或三坐标点测和对称定位加工,才能有效地保证形态的精确性;另一方面是在制作大模型时,必须与其他材料配合使用,才能节约材料成本和保证模型的强度。

因此,在沙盘模型制作中,对材料使用要进行综合考虑与分析,这样才能做到更合理地使用材料,做出更好的模型作品。

油泥材料的主要成分是滑石粉、凡士林和工业用蜡,使用时需要加热的温度一般在 55～60℃左右,但不同品种的油泥加温软化的温度不同,购买使用时应按使用说明进行操作。

七、纸黏土

纸黏土是一种制作模型和配景环境的材料(见图 3 - 60),该材料是由纸浆、纤维束、胶、水混合而成的白色泥状体。它可用雕塑的手法把建筑物塑造出来。此外，由于该材料具有可塑性强、便于修改、干燥后较轻等特点，常用来制作山地的地形填充模型，有时在制作大比例模型时也用来制作人物、动物等造型。该材料的缺点是收缩率大，因此在制作过程中，要避免尺度误差。

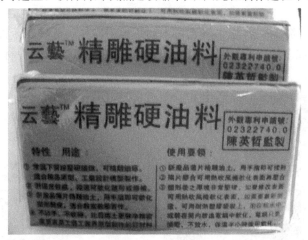

图 3-59　油泥

图 3-60　纸黏土

八、赛璐珞片

赛璐珞（celluloid）是塑料的鼻祖，是由胶棉（低氮含量的硝酸纤维素）和增塑剂（主要是樟脑）、润滑剂、染料等加工而成的塑料（见图 3-61）。1mm 以下的赛璐珞片韧性好、易弯曲、易加工，用它可以做房屋、透空墙、路边石等。赛璐珞呈角质状，透明而坚韧，有热塑性，可在 80～90℃软化；耐水、耐稀酸、耐弱碱、耐盐溶液，并能耐烃类、油类等。但浓酸、强碱和许多有机溶剂可使之溶解或破坏；遇明火、高热极易燃烧；久储会逐渐发热，若积热不散会引起自燃，因此要注意安全。

九、确玲珑

确玲珑是一种新型模型制作材料（见图 3-62）。它是以塑料类材料为基底，表层附有反光涂层的复合材料,色彩种类繁多,厚度仅 0.5～0.7mm。该材料表面有特殊的玻璃光泽,基底部附有不干胶,可即用即贴,使用十分方便。由于材料厚度较薄,制作弧面时不需特殊处理,靠自身的弯曲度即可完成,是一种制作玻璃幕墙的理想材料。

图 3-61 赛璐珞片　　　　　　　图 3-62 确玲珑

十、型材

模型型材是将原材料初加工成具有各种造型、各种尺度的材料。现在市场上出售的型材种类较多,按其用途可分为基本型材和成品型材。基本型材主要包括角棒、平圆棒、圆棒、圆管、屋面瓦片、墙纸等,主要用于模型主体的制作;成品型材主要包括围栏、标志、汽车、路灯、人物、家具、卫生洁具等,主要用于模型配景及室内模型的制作。专业公司为使产品有个性,通常也考虑自己制作型材。

十一、天然材料以及工业或生活中的废弃物

我们周围有许多可用在模型中进行装饰或仿真的材料,所收集的大量有关废弃物也可以培养人们对模型半成品的鉴别力。只要我们善于发现和运用,结合模型的使用目的就可以在模型中创造出更有特色的仿真装饰效果。

生活中的小型材质有图钉、牙签、大头针、记号针、线条等,还有白粘纸胶带或不同宽度和颜色的铝箔。

第四章　模型制作工具、设备及其使用

　　模型是建筑形体的微观表现,无论选用何种材料,制作工艺都要精致、严谨,并且在制作模型时要尽可能选用优良的材料和实用的工具。正确的方法是做好模型的前提,严谨的态度是做好模型的保证,精良的工具和优质的材料是做好模型的基础(见图4-1)。

图4-1　建筑模型

第一节　测绘工具

一、三棱尺(比例尺)

　　三棱平尺是具有三个工作面的三角形结构(见图4-2),长度为200—1000mm,角度互为60°,三个测量面为刀口形。三棱尺、三棱平尺材质多采用不锈钢/铸钢/镁铝材质,少数采用铸铁材质。三棱尺、三棱平尺一般用于检测直线度使用,所以人们更多的选择重量较轻的。三棱尺、三棱平尺制作过程是先对其毛坯件进行精密磨削,磨削完后再进行人工研磨,使之达到精确的平面度、直线度以及刃部直线度。三棱尺是测量、换算图纸比例尺度的主要工具。

二、直尺、三角板、丁字尺

　　(1)直尺。直尺是画线、绘图和制作的必备工具。

　　(2)三角板。三角板是用于测量及绘制平行线、垂直线、直角与任意角的量具。

　　(3)丁字尺。丁字尺是用于测量尺寸及画平行线、长线条和辅助切割的工具(见图4-3)。

三、卷尺、弯尺、蛇尺

（1）卷尺。卷尺是用于测量较长材料的工具。

（2）弯尺。弯尺是用于测量90度角的专用工具。

（3）蛇尺。蛇尺是一种可以根据曲线的形状任意弯曲的测量、绘图工具（见图4-4）。

四、游标卡尺

游标卡尺，是一种测量长度、内外径、深度的量具。游标卡尺由主尺和附在主尺上能滑动的游标两部分构成。主尺一般以毫米为单位，而游标上则有10、20或50个分格，根据分格的不同，游标卡尺可分为十分度游标卡尺、二十分度游标卡尺、五十分度游标卡尺等。游标卡尺的主尺和游标上有两副活动量爪，分别是内测量爪和外测量爪，内测量爪通常用来测量内径，外测量爪通常用来测量长度和外径（见图4-5）。

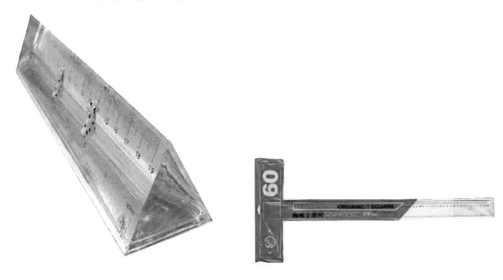

图4-2　三棱尺　　　　　　　　　　　　图4-3　丁字尺

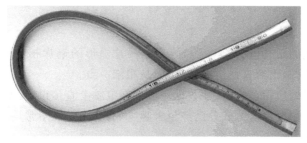

图4-4　蛇尺

图 4-5　游标卡尺

五、圆规、分规

圆规是用于测量、绘制圆的常用工具。

分规是经常用于等比的分割画线,两脚均是尖针的圆规(见图4-6)。

036C
分规
Divider

图 4-6　分规

六、模板

模板是一种测量、绘图的工具,主要有曲线板、绘圆模板、椭圆模板、建筑模板、工程模板等。

七、画线工具

鸭嘴笔是画墨线的工具(见图4-7),笔头由两片弧形的钢片相向而成,略呈鸭嘴状。它用来画墨稿中的直线,画出的直线边缘整齐,而且粗细一致。

随着电脑雕刻机的应用,一些尺寸数据一般都在电脑上直接设定,所以在现代模型制作艺术中,靠人的手、眼来把握精度的成分已经越来越少,有些工具已不常用。

图 4-7　鸭嘴笔

第二节 剪裁、切割工具

一、手工工具

手工工具是指能徒手操作的器械,主要分为分割工具和整型工具两种,其中分割工具包括剪刀、裁纸刀、手术刀等;整型工具包括螺丝刀、引导线、钢锉、钢锥等。无论哪种工具都要谨慎操作,避免伤害到人体,使用金属工具时最好戴上橡胶手套,防止汗液打滑。在制作精确模型中,要使用直尺或者其他物件来引导工具的施力方向,避免产生粗糙的边缘。此外,金属工具要注意保养,定期打磨工刀刃并涂抹润滑油,统一归纳在工具箱里。

1. 勾刀

勾刀是切割玻璃、防火板、塑料类板材的专用工具,因其刀片呈回钩形而得名(见图4-8)。勾刀刀片有单刃、双刃、平刃三种,它可以按直线和弧线切割一定厚度塑料板材。同时,它还可以用于平面划痕。

2. 手术刀

手术刀是用于模型制作的一种主要切割工具(见图4-9),刀刃锋利,广泛用于加工即时贴、卡纸、赛璐珞、发泡板、APS板、航模板等不同材质、不同厚度材料的切割和细部处理。

图4-8 勾刀

图4-9 手术刀

3. 推拉刀、剪刀、单双面刀片

(1)推拉刀。推拉刀俗称壁纸刀,又称美工刀,在使用中可以根据需要随时改变刀刃的长度,常用于切割墙壁纸。在制作模型时,可用来切割卡纸、吹塑纸、发泡塑料、各种装饰纸和各种薄型板材等。

(2)剪刀。剪刀是剪裁各种材料的必备工具,一般需大小各一把。需要注意的是:不可以使用白铁剪来剪金属线,因为这样会有小缺口,之后将无法完成干净利落的切割。

(3)单双面刀片。单双面刀片是刮胡须用的刀片,刀刃最薄,极为锋利,是切割薄型材料的

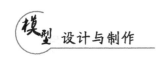

最佳工具。

4.45 度切刀、切圆刀

45 度切刀是用于切割 45 度斜面的一种专用工具,主要用于纸类、聚苯乙烯类、APS 板等材料的切割,切割厚度不超过 5mm。

切圆刀与 45 度切刀的切割材料范围相同。

二、机械工具

机械工具是指采用电力、油料、燃气、液压等为动力源的自动加工设备,在建筑模型制作中,根据加工目的的区别,机械工具分切割机、钻孔机、打磨机、热熔机、喷涂机等。

1.切割机

切割机是利用高速旋转的切割刀片或刀锯,对被加工物件进行切割或开槽的设备,它是模型制作中最常用的机械工具。

切割机主要分为普通多功能切割机和曲线切割机。多功能切割机采用圆形刀片为切割媒介,能对纸材、木材、塑料、金属等材料作直线切割,刀片厚度一般为 1mm 以下,操作时要预留刀片的切口尺度(见图 4 - 10)。曲线切割机又称为线锯,利用纤细的锯绳在操作台上快速上下移动来分割材料,针对板材能切割出曲线形体,是普通多功能切割机的重要补充。由于锯绳比较单薄,一般不用来切割金属,金属可以使用专用曲线切割机来切割,并且操作起来更加得心应手(见图 4 - 11)。

图 4 - 10 切割机

2.钢锯

钢锯可切断较小尺寸的圆钢、角钢、扁钢和工件等。钢锯包括锯架(俗称锯弓子)和锯条两部分,使用时将锯条安装在锯架上,一般将齿尖朝前安装锯条,但若发现使用时较容易锛齿,可以将齿尖朝自己的方向安装,这样就可缓解锛齿且能延长锯条的使用寿命。钢锯使用后应卸

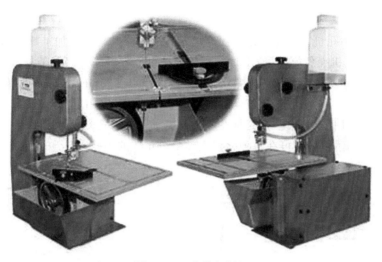

图 4-11 曲线切割机

下锯条或将拉紧螺母拧松,这样可防止锯架形变,从而延长锯架的使用寿命。锯条有单边齿和双边齿两类,齿又分粗齿(14 齿/25mm)、中齿(18～24 齿/25mm)和细齿(32 齿/25mm)几种规格,以适用于不同材质的锯割。为提高工作效率和避免锈齿,锯割较硬的材质时选用细齿锯条,锯割较软的材质时选用粗齿锯条,锯割一般的材质选用中齿锯条。锯条厚度为 0.5mm、0.65mm,宽度为 10～12mm,长度有 200mm、250mm、300mm 三种规格。锯架有固定长度、可调长度两种,可调长度的锯架有三个档位,分别适用于三种长度的锯条。

3.电热切割器

电热切割器用于切割泡沫类的东西,一般泡沫用锯或刀切割时会使泡沫表面很粗糙,而用电热切割器切割后的泡沫就不会出现这种情况。电热切割器主要用于聚苯乙烯类材料的加工(见图 4-12)。

图 4-12 电热切割机

4.钻孔工具

(1)各式钻床、钻孔机。钻孔机是利用高速旋转的螺旋轴杆对被加工物件钻孔的机械设备（见图4-13）。钻孔机操作简单，使用时要在加工材料下方垫隔一层其他材料，保证孔洞能均匀生成，避免开裂、起翘。螺旋轴杆的常用规格为（直径）1~25mm，可以根据需要做选择。针对木材等粗纤维材料可以降低钻孔速度，金属、塑料则可提高钻孔速度。

(2)手摇钻。常用钻孔工具，尤其是在脆性材料上钻孔时比较好用。

(3)手持电钻。手持电钻可在各种材料上钻1~6mm的小孔，携带方便，使用灵活。

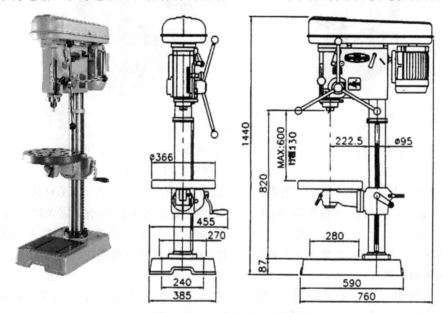

SY-25T & SY-25T（S） 外型尺寸图

图4-13 钻孔机

三、机床设备

今后的建筑模型制作会逐渐向自动化操作迈进，高端的机床设备能满足这一需求，它通过独立的计算机控制，对模型材料作自动加工。目前常用的机床设备有数控切割机和数控雕刻机两种。

1.数控切割机

数控切割机能将计算机绘制的图形在所指定的材料上切割下来，形体完整，一次成型，效率高，全程工作无需人员职守。绘制的图形需要使用配套的专业软件，切割机上的刀具品种齐全，能满足各种模型材料的加工需求。目前数控切割机的高端产品为激光切割机，激光切割机的切割面与边缘更加光滑、平顺（见图4-14、图4-15）。

2.电脑雕刻机

电脑雕刻机即用电脑控制的雕刻机，也可叫做电脑数控雕刻机（见图4-16），它能控制雕刻机雕刻板材（木材、石材、密度板等）。现在市场上电脑雕刻机种类颇多，占市场主流的电脑雕刻机包括木工雕刻机、广告雕刻机、石材雕刻机、圆柱雕刻机。

电脑雕刻机的操作步骤：首先把需要雕刻的图案在设计软件里完成设计，选择刀具，自动计算路径(路径:编程软件根据所选的刀具计算出的刀具运动轨迹),输出路径文件。再把输出的路径文件导入雕刻机控制软件,然后仿真运行,确定无误后就可以开始加工了。

图 4-14　数控裁纸机

图 4-15　数控激光雕刻机

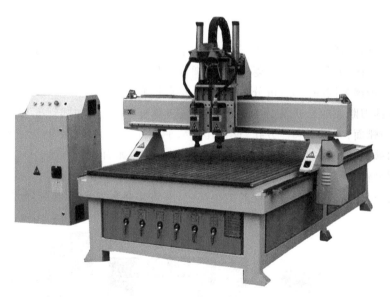
图 4-16　数控雕刻机

第三节 打磨修整工具

一、砂纸、砂纸机、砂纸板

1.砂纸

砂纸俗称砂皮,是一种供研磨用的材料,用以研磨金属、木材等表面,以使其光洁平滑,通常是在原纸上胶着各种研磨砂粒而成。根据不同的研磨物质,砂纸有金刚砂纸、人造金刚砂纸、玻璃砂纸等。此外,还有干磨砂纸、耐水砂纸等,干磨砂纸(木砂纸)用于磨光木、竹器表面,耐水砂纸(水砂纸)用于在水中或油中磨光金属或非金属工件表面。

砂纸的原纸全部用未漂硫酸盐木浆造成,其纸质强韧,耐磨耐折,并有良好的耐水性。

2.砂纸机

砂纸机小而轻巧、平衡度高、长时间使用不疲倦,使用伞型齿轮机构、转速平稳、噪音低、中央吸尘、增加专利的导流功能,可发挥强力吸尘能力而不会造成粉尘飞散,注水式研磨机特殊中央出水设计,不会造成研磨过热(见图4-17)。

3.砂纸板

木工在工作中,经常用到砂纸板(见图4-18),砂纸板是小巧、轻便、实用的木工打磨工具,给木工带来了很多方便。

二、锉

锉,手工工具,条形、多刃,主要用于对金属、木料、皮革等表层做微量加工。按横截面的不同可分为扁锉、圆锉、方锉、三角锉、菱形锉、半圆锉、刀形锉等,也叫锉刀。

锉与锉刀、钢锉为同一产品,可分为普通锉、特种锉和整形锉。

普通锉按锉刀断面的形状又分为平锉、方锉、三角锉、半圆锉和圆锉五种,平锉用来锉平面、外圆面和凸弧面;方锉用来锉方孔、长方孔和窄平面;三角锉用来锉内角、三角孔和平面;半圆锉用来锉凹弧面和平面;圆锉用来锉圆孔、半径较小的凹弧面和椭圆面。

特种锉用来锉削零件的特殊表面,有直形和弯形两种。

整形锉(什锦锉)适用于修整工件的细小部位,有许多各种断面形状的锉刀组成一套整形锉(见图4-19)。

图4-17 砂纸机

图4-18 砂纸板

图4-19 整形锉

三、木工刨

木工刨用来刨平、刨光、刨直、削薄木材的一种木工工具，一般由刨身（刨堂、槽口）、刨刀片（也叫刨刃）、楔木等部分组成。按刨身长短、形状、使用功能可分为长刨、中刨、短刨、光刨（细刨）、弯刨、线刨、槽口刨、座刨、横刨等类型（见图4－20）。

图4－20　木工刨

四、砂轮机

砂轮机又叫气动研磨机，也称打磨机，打磨机是采用不同粗糙程度的齿轮对模型材料表面进行平整加工（见图4－21）。纸材、木材、泡沫等低密度材料应选用粗糙的齿轮，塑料、金属、玻璃等高密度材料可以选用精细的齿轮。打磨时要注意材料的完整性，避免打磨过度而影响形体结构。

(a)

(b)

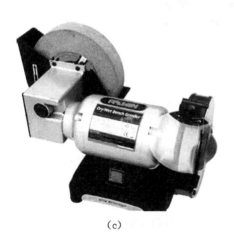

(c)

(d)

图4－21　多种砂轮机

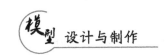
第四节 辅助工具

一、钳钳工具

(1)台虎钳。台虎钳是用来夹持较大的工件以便于加工的辅助工具。

(2)桌虎钳。桌虎钳适用于夹持小型工件,其用途与台虎钳相同,有固定式和活动式两种。

(3)手虎钳。手虎钳用于夹持很小的工件,便于手持进行各种加工,携带方便。

二、喷涂工具

1.喷涂机

喷涂机,它能将普通空气加压后传输给色料喷枪,带动色料喷涂至模型表面,是一种完备的涂装机械。喷涂机又分为通用喷涂机和无气喷涂机,通用喷涂机是利用空气加压带动色料,适用于水性颜料,而无气喷涂机是利用空气负压原理将色料喷涂出来,色料中不掺杂空气,不会产生由气泡引起的空鼓现象,适用于细腻的油性色料。喷涂机的使用效果最终由末端的喷枪来决定,喷口大小和形状可以选择更换,适应不同的涂装对象(见图4-22)。

图4-22 喷涂机

2.刷子

各种刷子(平刷和圆刷)可以用来刷漆,旧牙刷也会有用;喷刷格网和喷绘台也是辅助喷漆的工具。

3.调色盘

瓷制的调色盘、各种杯子及瓶子等都可以用来调色和做容器。

三、焊接整形工具

1. 氢氧火焰抛光机

氢氧火焰抛光机是专用对有机玻璃抛光的设备。它利用水分解成氢和氧加以燃烧,产生干净的纯火焰进行抛光,抛光的质量取决于抛光前的精磨。

2. 特制烤箱

特制烤箱用于有机玻璃和其他塑料板材的加热,以便弯曲成型。

3. 电烙铁

电烙铁用于焊接金属工件,或对小面积的塑料板材进行加热弯曲。

4. 电吹风机

用于焊接整形的电吹风机,最好选择 1200 瓦理发用的电热吹风机。

5. 敲击工具

在敲击工具中,锤子是最常用的击打工具。

四、其他工具

1. 镊子

在制作细小构件时,特别需要镊子进行制作和安装。

2. 医用注射器

黏结剂装在注射器内十分方便,用多少打出多少。

3. 静电植绒机

静电植绒机是用于大面积铺种草地的设备。它使用方便,有双筒和单筒两种。

4. 粉碎机

粉碎机起粉碎作用。一般把已染色的海绵粉碎成小颗粒后,再加工成各种植物、草地。

5. 清洁工具

毛笔、油画笔、板刷、清洁照相机用的吹气球等工具都可用来做清洁。

6. 组合微型加工机

奥地利 UNIMAT(优耐美)模型加工机床公司生产的产品,分标准型和专业型,在国外多是针对 DIY 用途。

7. 小型多用机床

在模型制作中,有些构件相对较大、材质相对较硬时,就要用到小型机床。

8. 多用手动万能加工机

多用手动万能加工机,同样在国外多是针对 DIY 用途。

9. 旋转拉坯机、小型电窑

小型电窑用来与旋转拉坯机配套,将塑造成型的软构件放入小型电窑内烧制定型,待一定的时间并在一定的温度下烧烤后取出。

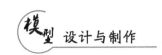

第五节　主要工具的使用

一、使用注意事项

1.一个适合模型制作的工作场所

不同地域的经济状况不同,建筑模型的制作工艺也不尽相同。在没有切割机、数控机床的条件下,普通纸材、木材和塑料一般通过手工工具来加工,加工质量与制作的熟练程度有关,主要以软质材料为主。如果要提高支撑构件的强度,可以叠加多层材料或采取夹层的形式来增加硬度。例如,木板与 ABS 板用作墙体时,强度虽然很高,外形挺拔,但没有切割机便很难作进一步处理,甚至无法精确开设门窗洞口。这时可以选用 KT 板与厚纸板叠加,KT 板贴在外部,起到平整装饰的作用,边缘转角也容易装饰平整,回避了因制作环境低劣而造成的粗糙(见图 4 - 23、图 4 - 24)。

图 4 - 23　KT 板＋厚纸板制作模型　　图 4 - 24　KT 板＋厚纸板制作模型

在制作环境与经济实力允许的情况下,可以采用成品 PVC 板,经数控切割机一次裁切成形,即可组装成精致的大比例建筑模型。有限的制作环境并不一定产生低劣的设计作品,开拓思维,缜密思考,量力而行,提高自身认识,终会能创作出满意的模型作品。

简单的模型制作工作场所除了必要的工作空间外,还应包括材料摆放柜、存放工具的滑动架、切割平台、画线台、台式虎钳、画笔插座、剪刀、黏结剂、小型机械设备、电器及配线、照明等工具。

2.良好的水电风光条件

模型制作的环境必须拥有良好的采光和通风条件,应该具备足够的安全电源插座(在工作室中安装主要开关和防卫措施),有冷水和温水的接头,以及在近处的结实的洗手台,这些都是必备的。

3.材料与工具摆放要有序

操作台一定要保持干净,操作台上不要堆放杂物。

4.完善的安全设施和显眼的安全警示

普通的工作规则和安全规则、灭火器等,如模型室——学生守则,钳工实习安全条例见图 4 - 25、图 4 - 26。

<table>
<tr><td>

模型室——学生守则

　　根据制作室是教育部"振兴计划"投资的重点实验室之一,是我校工业设计、艺术设计、木工家具、园林设计及电子工艺等专业学生的重要实习场所,是对全校学生开放的教学实践基地,设有模型制作、陶艺、彩绘、烙铁画等多项实习内容。进入模型室必须遵守如下规则:

1.尊敬师长,服从指导老师的管理,严格遵守实习安全条例,确保实习安全。

2.着装整齐,不穿拖鞋进入实习场地;不许在室内大声喧哗,打闹、嬉戏、吃零食;严禁在室内抽烟。

3.严格按指导老师的要求使用设备,不得违章操作或野蛮操作;如遇设备故障应及时报告指导教师,不得擅自处理。

4.借用小型设备及各种工具,必须严格遵守借还手续;损坏设备或丢失工具应酌情赔偿。

5.使用本实验室应严格履行登记手续,需详细填写使用者姓名、班级、使用时间、实习内容及设备使用情况。

6.实习结束后,同学们需将实习场地洒水打扫干净,并清除垃圾。

7.凡违反上述规定并由此引发的一切事故,责任由违规者自负;所损坏的工具、设备视损坏程度进行赔偿。

</td><td>

钳工实习安全条例

1.工具量具应安放妥当,以免损坏。

2.用虎钳装卡工件时,要注意夹牢,不应在虎钳的手柄上加套管子扳紧或用锤子敲击虎钳手柄,以免损坏虎钳或工件。

3.凿削时要注意控制切屑飞溅方向,以免伤人。

4.凿屑、锉屑和锯屑应用刷子刷掉,不得用手擦或嘴吹。

</td></tr>
</table>

图4-25　模型室——学生守则　　　　图4-26　钳工实习安全条例

二、切割工具的使用方法

　　切割模型材料是一项费时费力的枯燥劳动,需要静心、细心、耐心。不同的材料具有不同的质地,切割时一定要分而治之。针对现有的建筑模型材料,切割方法可以分为手工裁切、手工锯切、机械切割、数控切割等四种方式。

1.手工裁切

　　手工裁切是指使用裁纸刀、刀片等简易刀具对模型材料做切割,通常还会辅助三角尺、模板等定型工具,能切割各种纸材、塑料及薄木片,它是手工制作的主要形式。裁切时要合理选择刀具,针对单薄的纸张和透明胶片一般选用小裁纸刀,这样操作时能均匀掌握裁切力度;针对硬质纸板、PVC板、PS板等则要选用大裁纸刀,保证切面平顺光滑(见图4-27、图4-28)。

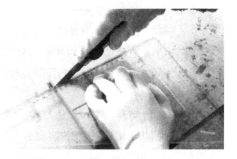

图4-27　手工裁切PVC板

　　在裁切硬度较高的纸材或塑料时,一定要采用三角尺作为辅助工具,一只手固定尺面与桌面上,手指分散按压在三角形斜边与直角上,形成牢固的三角支点,另一只手持裁纸刀沿着三角尺斜边匀速裁切,刀柄要与台面成45°(见图4-29),力度要适中。厚度较大的纸材不宜追

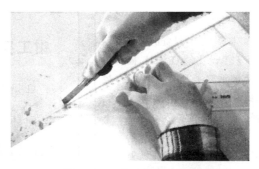

图 4-28　手工裁切 PS 板

求一次成功,可以做多次裁切,注意第一次下刀的位置要准确,形成划痕后才能为第二刀、第三刀提供正确的施力点。当型材被切成半断半连状时,不能将其强制撕开,否则容易造成破损。对于非常单薄的纸张不宜对折后从侧边裁切,要避免切缝不平整。此外,在裁切色彩印刷制板时,应该从印刷面下刀,保证外观边缘整齐光洁。

在裁切质地柔软的 PS 板、KT 板时,最好选用大裁纸刀或宽厚的刀片,方便对宽厚的型材均衡使力。操作时仍然需要三角尺作参照,正确固定后要将刀片倾斜于板面 30°(见图 4-30),再做匀速移动,中途不宜停顿,以防止切面产生顿挫,裁切速度不能过快,否则刀具容易偏移方向。裁切操作需一步到位,一次成型。为了保证型材的切面平顺自然,一次裁切长度不宜超过 400mm,如果需要加工 500mm 以上的 PS 板或 KT 板,可以两人协同操作,即一人使双手固定按压丁字尺,另一人持大裁纸刀做裁切。此外,裁切这两种型材时,需要使用锋利的刀片,在整个切割工序中,可以首先加工这两种型材。

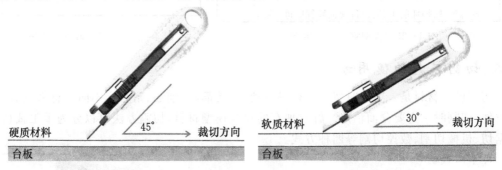

图 4-29　裁切硬质材料　　　　　　　　　　图 4-30　裁切软质材料

在裁切质地清脆的薄木板时,可以从纹理细腻的装饰面下刀,用力裁切至板材厚度的二分之一时,方可终止,然后即可用手轻松掰开(见图 4-31、图 4-32),最后使 240 砂纸打磨切面边缘。

无论裁切何种材料,刀具都要时常保持锋利的状态,落刀后施力要均衡,裁切速度要一致。针对一刀无法成功切割的坚韧材料,也不能过于心急,应反复操作,得到所需的材料。手工裁切看似简单,但技法多样,需要长期训练。

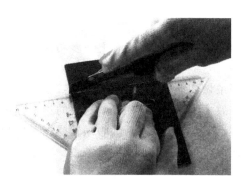

图 4-31　手工裁切薄木板

图 4-32　掰开薄木板

2. 手工锯切

手工锯切是指采用手工锯对质地厚实、坚韧的型材做加工,常用工具有木工锯和钢锯两种。木工锯的锯齿较大,适用于加工实木板、木芯板和纤维板等,锯切速度较快。钢锯的锯齿较小,适用于加工金属、塑料等质地紧密的型材。

锯切前要对被加工材料做精确定位放线,并预留出适当的锯切损耗,其中木材要预留1.5—2mm,金属、塑料要预留 1mm。单边锯切的长度不宜超过 400mm,避免型材产生开裂。锯切时要单手持锯(见图 4-33),单手将被加工型材按压在台面上,针对厚度较大的实木板也可以用脚踩压固定(见图 4-34),锯切幅度不宜超过 250mm,待熟练之后可以适当提高频率。锯切型材至末端时速度要减慢,避免型材产生开裂。锯切后要对被加工型材的切面边缘打磨处理,木质材料还可以进一步进行刨切加工。

手工锯切能解决粗大型材的下料、造型等工艺问题,但是不能做进一步深入塑造,针对户型或曲线边缘还是要采用专用机械来加工,一切以模型的最终效果为准。

图 4-33　手工锯切 PVC 板

图 4-34　手工锯切木板

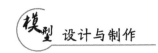

3.机械切割

机械切割是指采用电动机械对模型材料做加工,常用机械主要有普通多功能切割机和曲线切割机两种。

普通多功能切割机采用高速运动的锯轮或锯条做切割,能加工木质、塑料、金属等各种型材(见图4-35、图4-36),切割面非常平滑,工作效率高。需注意的是,材料的推进速度不宜过快,针对硬质塑料或金属材料要注意避免产生粉尘与火花。切割机的锯轮或锯条要根据被加工型材随时更换,大型锯齿加工木材,中小型锯齿加工金属、塑料、甚至纸材。多功能切割机一般只作直线切割,它对加工长度没有限定。

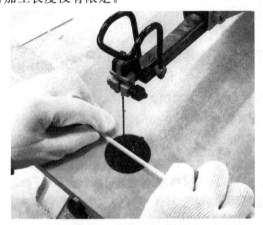

图4-35 机械切割木杆

图4-36 机械切割PS板

在建筑模型制作中,曲线切割机的运用会更多一些,它能对型材做任意形态的曲线切割,在一定程度上还可以取代锯轮机或锯条机。根据曲线切割机的工作原理又可以分为电热曲线切割机和机械曲线切割机两种,前者是利用电阻丝通电后升温的原理,对PS块材、板材做切割处理,PS型材预热后会快速溶解,这种切割形式非常适用,在条件允许的情况下也可以自己动手制作一台电热曲线切割机;后者是利用纤细的钢锯条上下平移对型材实施切割,操作前要在型材表面绘制切割轮廓,双手持稳型材做缓慢移动,操作时要注意移动速度,转角形态较大的部位要减慢速度,保证切面均衡受力(见图4-37、图4-38)。

图 4-37 绘制切割轮廓

图 4-38 机械曲线切割

无论操作哪种切割机,头脑都要保持冷静,不要被噪音和粉尘干扰,以免发生意外。

4.**数控切割**

数控切割是指采用数控机床对模型材料做加工,又称为 CAM。常用数控机床主要有数控机械切割机和数控激光切割机(见图 4-39、图 4-40、图 4-41)两种。

图 4-39 数控激光切割机

图4-40 激光切割木板   图4-41 激光切割成品

操作前要采用专业绘图软件,在计算机上绘制出切割线形图,图形尺度精确,位置端正。然后将图形文件传输给数控机床,并选配适当的刀具,由机床设备自动完成切割工作。在切割过程中无需人工做任何辅助操作,使用起来安全可靠,效率很高。此外,激光切割机还能对有机玻璃型材做镂空雕刻,唯美、逼真的加工效果令人叹为观止。

常规CAM软件种类繁多,每种普通数控切割机都会指定专用的控制软件,但是每种软件都有自身的特点,最好能交叉使用。首先,在界面提供的绘图区绘制出设计图形(见图4-42),也可以采用AutoCAD绘制后储存为clxf格式,在指定的CAM软件中打开,将全部线条优化后做选择状。第二,设定切割类型并选择刀具名称,将一系列参数设定完成后储存为待切割文件,并将文件发送给数控机床。最后,将被加工型材安装到机床上,接到指令的数控切割机就会自动工作,直到加工完毕(见图4-43)。

CAM软件的操作比较简单,操作原理和AutoCAD输出打印图纸类似,其关键在于图形的优化,所有线条都要连接在一起,不能断开,否则内部细节形态就无法完整切割。

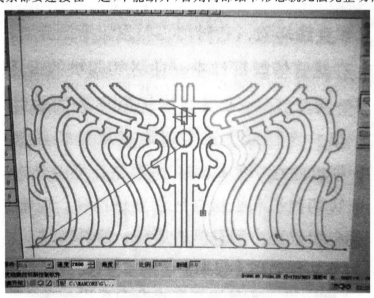

图4-42 数控切割机绘图软件界面

图 4-43 激光切割有机玻璃模型

三、钻床的使用

钻孔是根据设计制作的需要,在模型材料上开设空洞的加工工艺。空洞的形态主要有圆形、方形和多边形三种,钻出的空洞可以用作穿插杆件或构造连接,也可以用作外部门窗的装饰(见图 4-44)。

圆孔与方孔的开设频率很高,几乎所有建筑模型都需要开设孔洞。孔洞按规格又分为微、小、中、大四种,直径或边长为 2mm 的为微孔,3—5mm 的为小孔,6—20mm 的为中孔,21mm 的为大孔。微孔的开设比较简单,直接使用尖锐的针锥对型材做钻凿,2mm 的孔洞可直接凿穿,以满足其他形体构造能顺利的通过或固定。3—5mm 的小孔则先锥扎周边,后打通中央,完成后需采用磨砂棒打磨孔洞内径。6—20mm 的中孔开启就比较灵活了,可以借用日常生活用品来辅助进行,例如金属钢笔帽、瓶盖、不锈钢管(见图 4-45)、装订用的打孔机(见图 4-46)等,锐利的金属磨具都能直接用于型材加工,如果规格不符,可以做多次拼接加工。21mm 以上的打孔开设比较容易,先使用尖锐的道具将孔洞中央刺穿,然后向周边缓慢扩展,使用小剪刀将边缘修剪整齐,最后采用磨砂棒或 240 砂纸将孔洞内壁打磨平整。

在整个钻孔的工艺中,钻床是一种常用的孔加工设备。在钻床上可装夹钻头,用来进行钻孔。用钻头在实体材料上加工孔的方法,称为钻孔。在建筑模型的制作中,有许多工件上需要镂空时,先要钻孔;钻孔时,是依靠钻头与工件之间的相对运动来完成钻削加工的,在钻床上钻孔是钻头旋转而工件不旋转。

图 4 - 44　机械钻孔机

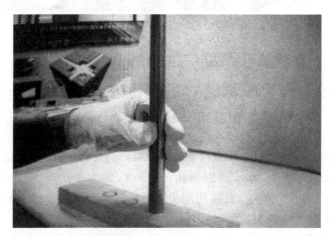

图 4 - 45　不锈钢管辅助钻孔

图 4 - 46　装订机打孔

1.**钻床的种类**

钻床分台式钻床和立式钻床。

2.**钻头的种类、结构和用途**

(1)钻头常用的种类有扁钻、中心钻、麻花钻、深孔钻和直槽钻等。在模型制作中常用的连麻花钻,一般用高速钢制成,它是由柄部、颈部及工作部分构成,柄部有直柄和锥柄两种,是钻头夹持部分。

(2)钻头的结构和用途。麻花钻的柄部是用来传递钻孔时的转矩和轴向力。直柄所能传递的转矩较小,一般用于小直径钻头;锥柄能传递较大的转矩,而且装夹时定心精度较高,所以一般用于大直径钻头(13mm 以上)。

3.**钻孔的方法**

(1)钻孔前的准备工作。①钻头的刃磨;②工件的夹持;③切削用量的确定。

(2)钻孔的方法。①先在工件上划好钻孔的轴心线;②开始钻孔;③如果偏移,可用以下方法进行排查解决:A.检查工轴是否偏转;B.减少叠板数量,通常按照双面叠板层数量为钻头直径的 5 倍而多层叠板层数量为钻头直径的 2-3 倍进行核查;C.增加钻头转速或降低进刀速率;D.重新检查钻头是否符合工艺要求,否则重新刃磨;E.检查钻头顶尖是否具备良好同心度;F.检查钻头与弹簧夹头之间的固定状态是否紧固;G.重新检测和校正钻孔工作台的稳定和稳定性。

(3)钻孔的安全操作。

①首先检查钻床的各部位是否完全固定好,工作场地周围不应有障碍物。在钻孔操作前,一定要穿工作服,扣好纽扣,扎紧袖口,并戴好安全帽,严禁戴手套。开动钻床前,应检查工件是否夹紧。

②钻孔时的切屑要用刷子清除,切勿用嘴吹,以免切屑刺伤眼睛。

③装卸或检验工件时应先停车。

④钻孔完毕后,应关掉机床的电源。

⑤钻床每次用完后都应擦干净,并做好三级保养。

四、各种构造连接件的使用

模型材料下料完毕就可以根据设计图纸做构造连接,建筑模型的连接方式很多,常用的有粘接、钉接、插接和复合连接等四种。

1.**粘接**

粘接是建筑模型制作中最常用的连接方式,要根据材料特性选用适当的黏胶剂对形体构造做连接。一般采用透明强力胶对纸材、塑料做粘接(见图 4-47、图 4-48);采用白乳胶对木材做粘接;采用硅酮玻璃胶对玻璃或有机玻璃材料做粘接;采用 502 胶水对金属、皮革、油漆等材料做粘接。

图 4-47 粘胶剂粘接

图 4-48 粘接成型

粘接前要对粘接面作必要的清理,避免粘接表面存留油污、胶水、灰尘、粉末等污渍。针对宽厚的面积可以使用打磨机处理(见图 4-49)。粘接时将黏胶剂均匀地涂抹在被粘接面上,迅速按压粘胶面使其平整结合。白乳胶要等 2 秒后再粘接,502 胶水则需要速度很快。无论使用何种黏胶剂,每次涂抹量要以完全覆盖被粘接面为宜,过多过少都会影响粘接效果,粘接后要保持定型 3~5 秒,待粘接面完全干燥后方可做进一步加工。

透明胶、双面胶、即时贴胶纸等不干胶的粘接性能不佳,在建筑模型材料中没有针对性,一般只作纸材粘接的辅助材料,并且只能用于内部夹层中,不宜作主要黏胶剂使用。粘接完成的物件不要试图将其分开,强制拆离会破坏型材表面的装饰层。因此,粘接前一定要对构造连接形式做充分考虑,务必一次成型(见图 4-50)。

图 4-49 机械打磨

图 4-50 纸材粘接模型

2. 钉接

钉接是采用钉子或其他尖锐杆件对模型材料做刺穿连接,这是一种破坏型材内部质地的连接方式,一般只适用于实木、PS 板/块、厚纸板等质地均匀的型材,下面介绍几种常用的钉接材料及工艺。

(1)圆钉钉接。圆钉又称为木钉,主要用于木质材料之间的钉接(见图 4-51)。在构造精细的建筑模型时,一般选用长为 10~20mm 的圆钉做加工。钉接前要对被加工木材做精确切割并将边缘打磨平整,落钉点要做好标记,直线方向每 30~50mm 钉接一颗圆钉,每两颗圆钉之间的间距要相等,圆钉的钉接部位要距离型材边缘至少 5mm,防止产生开裂。钉接时单手持铁锤,单手扶稳圆钉,与型材表面呈 90°,缓慢打入。普通木质型材表面的钉头裸露部位要涂刷透明清漆,防止生锈。

圆钉的固定效果很牢靠,但是钉接时产生的振动会在一定程度上破坏已完成的构件,因此,在加工时要安排好先后次序,减少不必要的破坏。

(2)枪钉钉接。枪钉又称为气排钉,是利用射钉枪与高压气流将钉子射出,对木材产生钉

图 4-51 圆钉钉接

接作用(见图 4-52),枪钉的钉接效应良好,提高了工作效率。在模型制作中,一般选用长度为 10～15mm 的枪钉,落钉点间距为 30～50mm,钉接部位距离型材的边缘至少 3mm(见图 4-53)。钉入型材后钉头会凹陷下去,可以涂抹少量胶水封平,同时也能起到防锈作用。

图 4-52 射钉枪

图 4-53 射钉枪钉接木板

(3)螺钉钉接。螺钉的钉接方式最稳定,在木材、高密度塑料和金属中都可以采用。在建筑模型制作中,高密度塑料、金属一般选用 10～15mm 合金螺钉,木材可以使用尖头螺钉(见图 4-54)。木材钉接时先用铁锤将螺钉钉入三分之一,然后用螺丝刀拧紧;针对塑料与金属材料,则先要在型材上钻孔(见图 4-55),孔径与选用的螺钉要相匹配,当螺钉穿过后再用螺帽在背部固定,每两枚螺钉之间的距离为 50～80mm。螺钉钉接的优势在于可以随意拆装,适合研究性及概念性模型(见图 4-56)。

图 4-54 螺钉钉接薄木板

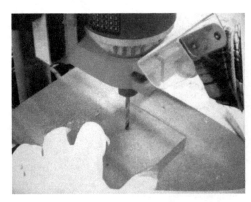

图 4 - 55　机械钻孔

图 4 - 56　安装螺钉

（4）订书机钉接。订书机常用来钉接纸张（见图 4 - 57），在模型制作中，订书机也可以用来钉接各种卡纸、纸板，只是落钉后会在型材表面形成凹凸痕迹，不便再做装饰。因此，订书机的钉接方式只适用于模型内部，它强有力的固定效果大大超过黏胶剂。钉接时，以两颗钉为一组，彼此之间保持 10mm 的平行间距，钉接组之间的间距不超过 80mm（见图 4 - 58），它能在一定程度上取代黏胶剂。

除了上述工具外，在模型制作中还可以根据材料特性采用图钉、大头针等尖锐辅材做连接，以达到满意效果。

图 4 - 57　订书机

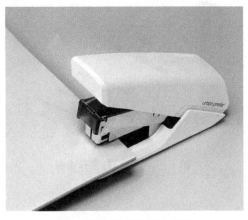

图 4 - 58　订书机钉接纸板

3.插接

插接是利用材料自身的结构特点相互穿插组合而成的连接形式。它的连接工艺需要预先设计,在型材上切割插口用于连接。由于插口产生后会影响模型的外观效果,因此,插接形式一般只适用于概念模型(见图4-59、图4-60、图4-61)。

图4-59 裁切小木杆

图4-60 木杆插接构造

图4-61 PVC杆插接构造

此外,还可以通过其他辅助材料做插接结构,例如,竹制牙签、木质火柴棒、PVC杆/管、小木杆等。插接是先在原有型材上根据需要钻孔,然后将辅材穿插进去,最后要对插接部位涂抹黏胶剂作强化固定。插接工艺适用于构造性很强的概念模型,插接形式要做到横平竖直,任何的倾斜都会影响最终的表现效果。

4.复合连接

复合连接是同时采取两种或两种以上连接方式对模型构造做拼装固定。在某些条件下,当一种方法不能完全奏效时,可以辅助其他方法来加固。例如,使用透明强力胶黏接厚纸板时容易造成纸面粘连而纸芯分离,出现纸板开裂、变形等不良后果。为了强化连接效应,可以在关键部位增加订书机钉接,使厚纸板之间形成由内到外的实质性连接,木质型材之间一般采用射钉枪钉接,但是接缝处容易产生空隙,在钉接之前可以在连接处涂抹白乳胶,使钉接与胶接双管齐下,加强连接力度(见图4-62)。

复合连接会增加模型制作工序,如果原有连接工艺完善可靠,则大可不必画蛇添足(见图4-63)。

五、钣钳工具的使用

1.台虎钳的规格

台虎钳的规格是以其钳口能伸张的最大长度来表示,有100mm、125mm、150mm等不同的规格。

图 4-62　薄木板构造模型

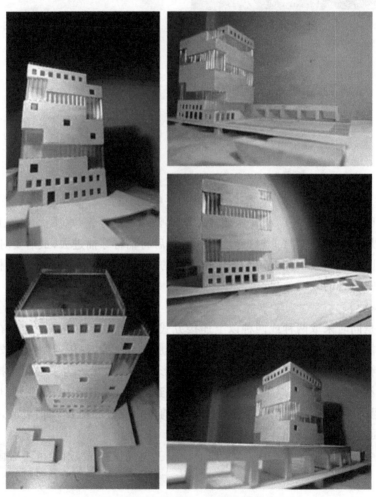

图 4-63　厚纸板＋KT 板构造模型

2.台虎钳的种类

台虎钳有固定式和回转式两种类型。

3.台虎钳的使用

台虎钳是用来加持工件的通用夹具,它装置在工作台上,用以夹稳加工工件,是钳工车间的必备工具。转盘式的钳体可旋转,可使工件旋转到合适的工作位置。在夹持工件前,可用表面光整的板材贴住工件,以保护好工件的表面不致被夹坏。

六、锉削工具的使用

用锉刀对工件表面进行切削加工,使工件达到所要求的尺寸、形状和表面粗糙度的操作叫锉削。锉削精度可以达到0.01m,表面粗糙度可达0.08m。

锉削的应用范围很广,可以锉削平面、曲面、外表面、内孔、沟槽和各种形状复杂的表面,还可以配件、做样板、修整个别零件的几何形状等。

1.平面锉削

(1)顺向锉。顺向锉是最普通的锉削方法,锉刀运动方向与工件夹持方向始终一致,面积不大的平面和最后锉光都是采用这种方法。顺向锉可得到正直的锉痕,比较整齐美观。精锉时常采用。

(2)交叉锉。锉刀与工件夹持方向约呈35度,且锉痕交叉。交叉锉时锉刀与工件的接触面积增大,锉刀容易掌握平稳。交叉锉一般用于粗锉。

(3)推锉。推锉一般用来锉削狭长平面,使用顺向锉法锉刀受阻时使用。推锉不能用于充分发挥手臂的力量,锉削效率低,它只适用于加工余量较小和修整尺寸。

2.直角面锉削

锉刀刀体与工件表面纵问中心线垂直,且推进方向与其平行的锉削方法。

3.曲面锉削

(1)外圆弧面锉削。锉削外圆弧面所用的锉刀都为板锉。锉削时锉刀要同时完成两个运动,即前进运动和锉刀绕工件圆弧中心的转动。锉削外圆弧面的方法有两种:①顺着圆弧面锉[见图4-64(a)]。锉削时,锉刀向前,右手下压,左手随着上提。②对着圆弧面锉[见图4-64(b)]。锉削时,锉刀作直线运动,并不断随圆弧面摆动。

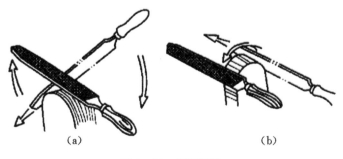

(a)　　　　　　　　　　　　　　(b)

图4-64　圆弧面锉

(2)内圆弧面锉削。锉削内圆弧面的锉刀可选用圆锉、掏锉、半圆锉、方锉等。锉削时锉刀要同时完成三个运动:前进运动、随圆弧面向左或向右移动、绕锉刀中心线移动。

(3)球面锉削。锉削圆柱形工件端部的球面时,锉刀要以直向和横向两种锉削运动结合进行,才能获得要求的球面(见图4-65)。

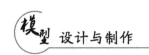

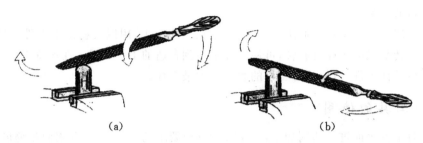

(a)　　　　　　　　　　(b)

图 4-65　球面锉削

4. 锉削的安全操作

(1)不准使用无柄或手柄有裂缝的锉进行锉削,以免锉舌刺伤手腕。

(2)锉削到一定程度时,要用锉刷顺锉纹方向刷去锉纹中的残屑。切勿用嘴吹切屑,防止切屑飞进眼睛。

(3)锉不要随意放置在台钳上,以免掉落伤人或损坏锉。

(4)因锉性脆,容易断裂,故锉不能用于敲击或撬起其他物品。

第五章 建筑模型制作

第一节 搜集资料

一、工具

搜集资料的工具主要是相机及有关书籍等。

二、方法及注意事项

(1)搜集资料或自行拍摄,清楚了解建筑物的平面、正面、背面及侧面。如自行拍摄,拍摄时距离要一致,避免使用令实物出现变形的广角镜头。

(2)根据图片或相片动手制作比例图(见图5-1),将图片影印放大至适合的大小。比例图必须准确,因为它是模型制作的指导标准。

图5-1 建筑模型

第二节 制作模型

一、需要使用的工具

刀、直尺、剪刀、圆型切割器、雕刻刀、切纸板、砂纸、画笔、铅笔、橡皮擦、海绵、黏胶剂等(见图5-2)。

— 91 —

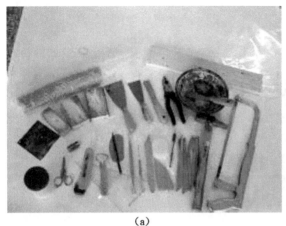 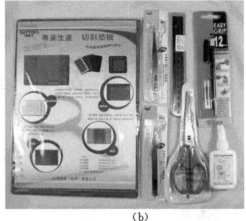

(a)　　　　　　　　　　　　　　　　　(b)

图 5-2　模型制作工具

二、需要使用的材料

泡沫板、卡纸、ABS板、白纸黏土、油泥、陶土、塑料片、瓦通纸、瓦楞纸、各款特效纸品(如云纹纸、牛皮纸、玻璃纸、即时贴)等。

三、制作工艺

1. 墙壁制作

将比例图或纸样复制多份,作为制作细致浮雕或装饰时的根据。将四边墙的比例图剪下作为模板,稍作拼合,看看比例是否恰当。

选择制作墙壁的物料,如瓦通纸,将模板放在上面,用铅笔画出轮廓,然后依轮廓剪出或切出。

各种纸品用剪或切的方法均可。如要切割泡沫板,必须用刀,拉出的刀锋要比泡沫板厚至三四倍。切割时,人要站起剪,手持刀,刀刃要垂直,刀与板面要呈四十五度切入,刀锋要用劲。这样能有效地使用锋刃,而且胶面加长,产生热力摩擦,切割的泡沫板边便不易起粒或崩裂。如要用泡沫板复制人字形屋顶,除了要重复上面各项要点外,两块板也要根据屋脊的角度切割。

2. 精制墙壁部分

模仿建筑物的装饰及花纹修饰。处理时,宜先做粗大的装饰,后做细部处理。精制模型时,组具必须商量工作分配,工作必须清楚,方便分步造型。因细致装饰物多是浮雕图案,故组具宜多用可塑性高的物料,如纸黏土及陶土(陶土必须烧制,如条件不许可,可用胶泥代替。胶泥的优点是本身有颜色,缺点是容易变形)。

如中式建筑人字形屋顶的屋脊上,常有凸起的、高翘的复杂雕塑。制作时可先绘画蓝图并剪下纸样,接着在夹卡或胶制瓦通纸上印出轮廓,再剪下纸板。不宜使用泡沫板,因为泡沫板可能太厚。这种做法只有外形,而没有精细的雕塑。组员可利用纸黏土在上面制作浮雕,用胶水或即时贴粘贴,上色后便完成。

又如西式建筑物,墙壁的装饰较中式的华丽,即使一扇窗也常用厚石做窗边浮雕。制作时便需要更多纸样影印本,工作分配也要清楚。组员若遇上这类窗花边,必须先把纸样墙身的整个窗及花边剪出来,放在透明胶片上画出轮廓,剪出胶片以制作玻璃窗。再用纸样放在卡纸上印出窗栏杆,然后放在透明胶片上,这样一个有窗的组件已完成一半。最后利用泡沫板切出胶粒或胶板,围在窗边造出厚石效果,然后用胶带纸或胶水粘贴好,一个具有厚石边浮雕透明窗户便大致完成。

第三节 粉饰模型

无论用什么板料制作墙壁及屋顶,颜色与实物总不能完全相同。因此,外部必须要粉饰一番。

一、常用的几种装饰方法

1.色纸包裹法

色纸包裹法常用在泡沫板上,色纸可预先用粉彩涂上所需要的装饰效果,例如打阴影、旧化、腐蚀等,适用于墙砖、墙角、风化石头等大面积地方。这方法的优点是方便快捷,缺点是欠缺浮雕感(见图5-3)。

图5-3 色纸包裹

2.纸黏土包装法

纸黏土包装方法是用纸黏土作表面装饰,这种方法的优点是具有立体感、易处理、易上色,缺点是价钱昂贵,容易变干。

3.环保物料法

不妨利用一些废料装饰模型,最常用的如小碎石、石块、枯枝、树叶等,适合农村建筑。至于较现代化的西式建筑,如汇丰银行的外墙铁柱,可使用饮料管等。运用这方法,依赖搜集所得的材料是否适合,上色时多用模型常用的水性油。

4.图案贴纸法

市面上有一些以米计算的有图案的即时贴出售,纹理有大理石纹、岩石纹、木纹、麻石(碎石)纹,也有专为透光而设计的彩色玻璃、磨砂玻璃等即时贴,价钱较便宜合理,并且效果显著,所以也是在校学生进行模型装饰时不错的选择。

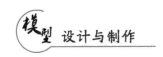

5.其他

市面上有很多专为模型而设计的地台、草地、树木、人物、车轨、灯柱等小配饰,十分精美,款式极多,虽然价格较为昂贵,但是效果十分显著。

二、常见的几种上色方法

1.广告色彩上色法

广告色彩上色法多用于色纸及纸黏土上,颜料没有挥发性,但不常用于拒水的胶带纸、玻璃表面上,如必须在塑料及玻璃的表面上色,可将广告色彩混合于温水的洗洁精,以增加颜料的黏附程度。

2.粉彩上色法

粉末色彩有混色的好处,多用于色纸上,使色彩更丰富,也可用于打阴影、旧化等效果,方便而有效,缺点是容易脱粉,经常用手接触,易留下手指印。

3.喷漆法

喷漆法方便但不便宜,也难做出混色效果,颜料具有挥发性,不适用于空气不流通的地方。

4.混合法

混合法就是将以上的方法混合使用,以上的三种方法如能混合使用,效果会更佳。

第四节　设计图纸的准备

一、图纸的取得

(1)未建成图纸的取得。向规划与设计部门索取正式图纸即可。

(2)方案已经形成,只有平面图没有立面图。对景物实地拍摄取得立面图。

(3)方案已经形成,什么图纸都没有。立面图,通过拍照取得;平面图,通过实地测量或者请测绘单位帮助解决。

二、设计图纸的表现与模型的关联

1.透视效果图与模型

透视效果图的任务是将三维空间的物体以平面的二维形式加以再现,借此清晰地表达设计构想中的景物效果,这是整个设计活动中将构想转化为可视化形象的第一步,对模型制作具有直接的指导作用。

(1)草图。草图在设计展开阶段能够快速表达推敲设计构想(见图5-4)。

草图的目的是充分针对设计进行发散性构想与发现问题,将不断完善的设计构想严谨、清晰地表现出来,为下一步设计的完善提供开阔的思路。

草图绘制方法可概括为三大类,即线描草图、素描草图和淡彩草图。

(2)精确效果图。它使设计构想与设计思路更易于传达和交流,并为后期精确模型的制作提供了直观可视的参考。

精确效果图可用手绘表达,也可用计算机三维图形设计软件进行绘制(见图5-5)。

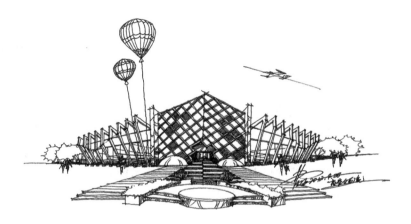

图 5-4　手绘草图

图 5-5　三维图形软件绘图

2.模型投影图

模型投影图是在设计的形态与结构确定后,按设计的要点进行景物不同面的投影分析。模型投影图对理解设计与正确制作模型具有直接性的帮助。

第五节　模型制作前的设计构思

模型制作的设计构思包括比例和尺度的设计构思、形体的设计构思、材料的设计构思和色彩与表面处理的设计构思四部分内容。

构思过程包括建筑物与配景的做法、材料的选用、底台的设计、台面的布置、色彩的构成等。

建筑模型一般都要经过不同程度的比例缩放,模型的比例缩放主要由表现规模、材料特性、细节程度三个方面来综合判定。

1.表现规模

表现规模是建筑模型的预期体量,规模大小受场地、资金、技术等多方面限制(见图 5 - 6、图 5 - 7)。以住宅小区模型为例,实测规划面积为 $500000m^2$,长 1000m,宽 500m,要在 $200m^2$ 的展厅中做营销展示,模型展台面积不应超过 $8m^2$,那么模型的比例就应该为 1:250。同等条件下投资金额越高,模型规模就越大。此外,精湛的技术能处理好建筑模型中的大跨度结构,使内空高,纵深长的形体结构不弯曲、不变形。

图 5 - 6　建筑规划模型

图 5 - 7　建筑规划模型

2.材料特性

建筑模型的比例设定与材料特性密切相关,模型的体量大小直接影响材料选配(见图 5 - 8)。例如,在无支撑的模型结构中,1.2mm 厚纸板能控制在 200mm 内不变形,2mm 厚 PVC 板能控制在 300mm 内不变形,5mm 厚 KT 板能控制在 400mm 内不变形,10mm 厚实木板则能控制在 800mm 内不变形。如果将以上材料互相叠加组合,强度会进一步增加,满足大体量建筑模型的制作要求。同样,小体量建筑模型也对材料特性有所限定,例如,1∶2000 以上的规划建筑模型,单体建筑的长、宽、高一般为 30—80mm,使用硬质板材很难深入加工,而 PS 块材(见图 5-9)却是很好的材料,可以采用电热曲线切割机锯切成各种形体,满足不同的制作要求。

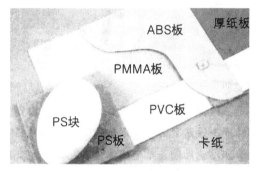

图 5-8 常用模型材料图

图 5-9 PS 块材模型

3. 细节程度

建筑模型的细部造型也会影响自身的比例大小,规划模型中的单体建筑数量很多,无法深入细节,一般比例设得很高,单件建筑物的体量变小了,构造细节也被简化了。然而,独立的建筑模型要求着重表现细部构造,强化建筑设计方案的精致性,比例尺就要设得很低。例如,独立别墅模型要求表现出门窗框架的厚度,这就需要做精确计算,现实生活中的窗户框架宽约50mm,比较适合这一构建的模型材料是边长为 1mm 的 PVC 方杆,那么,该模型的比例就可以设定为 1∶50(见图 5-10),其他形体细节也应该遵照此比例作深化表现;如果有进一步细化要求,还可以选用边长为 2mm 的 PVC 方杆,则模型比例就应该定为 1∶25(见图 5-11)。总之,细节的深化程度直接影响建筑模型的比例缩放。

图 5-10 PVC 方杆制作窗户   图 5-11 PVC 方杆制作窗户

在建筑模型制作中,比例缩放要做到统筹规划。整体形态设定准确后要规范内部细节;主体形态设定准确后要规范配饰场景;细部形态设定准确后要规范全局体量。在同一建筑模型中不能出现多种比例,尤其是家具(见图 5-12)、人物、车辆、(见图 5-13)、树木(见图 5-14)等成品配饰,宁缺毋滥,绝不能强行搭配最终表现效果。

图 5-12 家具成品模型

图 5-13 成品车辆模型

图 5 - 14　成品树木模型

二、形体的设计构思

真实的建筑与环境景物按比例缩小后会产生一定的视觉误差。通常采用较小的比例制作而成的单体模型,在组合时往往会有不协调之处,应适当进行调整。如有的开发单位总想把模型做得细而又细,这在以前由于技术的局限有时想细也细不下来,现在随着电脑雕刻机以及各种工具的诞生,这些问题已经不再是不可实现的;有些地面铺装图案很好看,但在较小比例的模型中,按实际比例模型制作的话就会让人眼花缭乱。因此,模型中必须进行再设计或是修正工作。

三、材料的设计构思

制作模型之前要选择好相应的材料。这就是说,应根据景观设计特点,选择那些能够进行仿真的材料。当然,在选择材料的时候,既要求材料在色彩、质感、肌理等方面能够表现建筑与环境景观的真实感和整体感,又要求材料具备加工方便、便于艺术处理的品质。

四、色彩与表面处理

1.色彩的表现

模型的色彩能配合形体表现出建筑的性格(见图 5 - 15)。一般而言,现代建筑色彩丰富,能激发人们的生活热情;商业建筑色彩沉稳,对比较强烈,能体现出现代气息。建筑模型要营造设计师的原创精神氛围,需要在色彩上施展笔墨。

2.色彩的应用

(1)要注意视觉艺术、色彩构成的原理、色彩的功能、色彩的对比与调和以及色彩设计的应用;

(2)要掌握好原色、间色和复色之间的微妙差别;

(3)更要处理好色相、明度和色度的属性关系。

3.涂饰处理

涂饰处理要表达出模型外观色彩和质感的效果。

图 5-15 模型的色彩搭配

（1）要掌握一般的涂饰材料和涂饰工艺知识；

（2）应该了解和熟悉各种涂饰材料及工艺所产生的效果。

（3）模型表面处理的材料主要是利用各种绘画颜料和装饰纸。

（4）涂饰工艺主要采用贴饰和喷涂。

4. 不同色彩的表现

（1）白色。白色很纯净，主要用于表现概念模型或规划模型中非主体建筑。用于表现建筑自身，在适当的环境中让人产生联想或引导观众将注意力迅速转移至模型的形体结构上，从而忽略配景的存在。当周边环境为有色时，白色可以用于主体建筑，起到明亮、点睛的装饰效果。在复杂的色彩环境中，白色模型构建穿插在建筑中间，显得格外细腻、精致（见图 5-16）。

（2）浅色。浅色是现代建筑的常用色，主要包括浅米黄、浅绿、浅蓝、浅紫等，这些都是近年来的流行色，主要用于表现外墙（见图 5-17）。在模型材料中，纸张、板材以及各种配件均以浅色居多。

图 5-16 白色建筑模型

图 5-17 浅色模型

（3）中灰。中灰适用于现代主义风格的商业建筑，它以低调、稳重的精神风貌出现，常用色包括棕褐、灰、墨绿、土红等，中灰色系一般要搭配少量白色体块和银色金属边框，否则容易造成沉闷的感觉（见图 5-18）。

（4）深灰。深色一般用来表现建筑基础部位，例如，首层外墙、道路、山石、土壤等，所占面积不大，常用色有黑、深褐、深蓝、深紫等。在某些概念模型中，深色也可以与白色互换，同样也能起到表现形体结构的作用（见图 5-19）。

图 5-18 灰色饰面模型

图 5-19 深色饰面模型

第六节 模型项目的策划及运作

目前模型的策划和运作方面最成功的就是房地产领域,房地产商通过模型的方式展现楼盘建成后的效果。模型里精美的楼盘制作、和谐而明快的色彩、引人注目的灯光、丰富多彩的景园环境,使购房者流连忘返,心中升起购房置业的美好愿望,因此,模型对楼盘,尤其对期房的销售起到了重要的作用。在模型中,最吸引人的除了建筑物以外,还有优美的园林环境(见图5-20)。创造出优美的园林环境模型,是房地产销售成功的主要因素。人们在模型面前分析家园的结构和环境,对照自己的心理预期,憧憬着未来的生活,从而产生购买的意愿。

图5-20 景观模型

一、量身定制模型的类型

(1)针对模型制作的要求,明确用模型来展示的最终内容。例如总体模型、单体模型、室内模型、景观模型、环境关系模型等(见图5-21、图5-22、图5-23)。

(2)根据确定的模型内容,进一步策划模型的风格,采购相应的材料,准备合适的模型工具,注意要突出模型的卖点和传达最佳视觉表达方式。

二、整体内容的布局处理

从规划的技术角度出发,首先要明确模型实际要表现的用地的范围,用地红线是制订方案的核心,围绕着这个核心把周边坐标性的元素适当表现出来,如道路、标志性建筑、河渠等。以这些为导向,客户就对模型的位置和关系有了比较清晰的认识。

对实际要表现的模型景物,在进行布局时要遵从以下几个原则:

(1)要以主景为主要表现对象,切忌喧宾夺主;要有精粗之分、虚实之分;整个模型的中心或重心部分应该占据主要的视角。

图 5 - 21　单体建筑模型

图 5 - 22　室内模型

图 5 - 23　环境关系模型

（2）对衬托和附加元素可以做适当的夸张处理。这一部分的商业陷阱较多，也是商业策划中最有价值的部分。

（3）无论如何处理，都必须基本符合视觉规划技术逻辑和美学构图的要求，并实事求是地写明模型的示意关系，具体以政府有关部门审定的文件为准。总之，把握这个度是关键，有时坦诚更能获得理解。

三、盘内展示内容的策划设计原则

1.建筑模型的灵活把握

建筑构架部分是根据建筑的图纸搭建的，按照既定的比例，由手工或电脑雕刻机将各立面的墙体做好，然后拼接而成，其色彩及质感选用是关键的一环。和真实建筑相比，模型由于质感、尺度及视觉角度不一样，一定不能照搬、照抄实际的外墙装饰材料。模型就是模型，它是一门单独的学问，尊重这种艺术形式才是明智的。有时候，模型的立面色彩看起来和想象的有差别，但是一套上模型的阳台窗就会好很多。把模型放到底盘上，用绿色植物一搭配更是相得益彰，这些就是模型制作艺术中的提亮和弱化等艺术手法。

还要说明一点，一些单位喜欢用电脑效果图来照本宣科，这是片面的，容易找不着感觉。电脑效果图的色彩是连续的光影关系，是变化的，被选中的部分仅在电脑效果图中是合理的。因为在模型上与在电脑效果图中的着色肌理是完全不同的，光的反射原理也不同。在参考色彩这一点上，电脑效果图的用途就是显示色彩之间的搭配关系，剩下的就要看模型艺术创作者自己的把握水平了。

2.环境景观的写意原则

对于环境景观部分，原则上也是根据设计来制作。但是在树种的表现和花草的颜色上，应该好好把握，树种的表现主要是写意，花草的颜色主要侧重表现美感。例如，实际的园林中可能盛开着各种色彩的花朵，其色彩对比强烈，有红、黄、绿、蓝色等，但在模型中真实地表现出来就会显得很杂乱，反而不美、不真实。因此，现实中的景物和模型中景物的像与不像问题，本身就是一种矛盾的对立和统一，像到极致则不像，似像非像则正像，其核心应抓住一个"神"字，确切地表现出环境绿化的风格特点才是目的。

3.灯光的主次分层原则

灯光的配备要根据景物的特点来进行。住宅区的建筑、水景灯光应尽量用暖色，常绿树的背景则用冷光源，路灯和庭园灯应尽量整齐划一，按照某种规律排布。项目尽量色彩丰富、层次多，以烘托整体环境气氛。需要强调的是，度的把握很重要，切忌到处都通亮，从而导致周边一些部分夺了主题的光彩。配景就是配景，主角自然是主角，没有取舍就没有重点，就没有成功的模型。

4.盘口雅致衬托的原则

盘口指的是模型的最后收口、边框、底台、玻璃罩等的包装部分。案名、比例尺、标牌等的收口一定要得体；边框、底台、玻璃罩等并无定式，关键看模型的规模大小、楼的高度、色彩及绿化的风格、场地的因素等来制定，这些都应以和谐、美观、大方为宜。

四、合理的摆放空间

卖场大，模型小，会显得镇不住环境；而卖场小、模型大会显得卖场更小。所以，有条件或是专业水平较高的模型公司在设计模型的时候,就会把功能分区、客户动线、环境氛围、灯光效果、销售道具、冲动诱惑等因素综合加以考虑。卖场的设计制作属于另外的专业分支,可另行展开讲解。总之,要把模型的摆放和安置放在一个突出的位置,同时要有足够的道具来直观展示,即要有足够多的合理的空间来配合模型的摆放(见图5-24)。

图5-24 模型的摆放位置

第六章 模型制作的前期工作

第一节 制作模型的基本手工技能

一、空间形态的塑造能力

(1)步骤。平面图的设计效果转化为空间形态的三维实体(见图6-1)。

图6-1 三维实体模型

(2)手法。堆、雕、铲、刻。

二、相关技术的基本技能

①木工操作技术;②钣钳工操作技术;③机械设备操作技术。

三、模型表层装饰工艺

①手工涂刷;②喷涂;③裱糊。

第二节 几种主要加工制作工艺

一、特殊构件的加工工艺

(一)传统翻模工艺

1.模具的制作

用木头或橡皮泥堆塑一个构件原型,原型堆塑完成并干燥后,在其外层刷上隔离剂,用石膏来浇注。

2.构件的浇注

常用的浇注材料有石膏、石蜡、玻璃钢等。

石膏制作方法是先将石膏粉放入容器中加水进行搅拌,加水时要特别注意两者比例,若水分过多,则影响膏体的凝固;反之,则会出现未浇注膏体就凝固的现象。一般情况下,水应略多于石膏粉。

3.翻模工艺

翻模工艺的关键:①要选择流动性较好的浇注物;②选择好工艺浇注口。

(二)近似替代制作工艺

近似替代制作法是将生活中各种形态的物品经过加工整理后,改造成我们所需的另一种构件。

(三)热变形压制工艺

热变形压制法是利用材料的遇热软化特性,通过加热、定型产生新的物体形态的制作方法。这种方法适用于有机玻璃板和塑料类材料中具有特定要求的构件的加工制作。

(四)积分叠加工艺

随着电脑雕刻机在模型上的深度介入,数字化加工手段也得到了广泛应用。积分叠加工艺主要是将被加工物体进行分层切剖,即对每一层进行数字化编程处理,找出一般性规律,最后将其叠加成另一个整体的加工手法。

二、不同材料模型的制作工艺

(一)石膏模型加工成型工艺

1.石膏模型的成型方法

石膏模型的成型方法有:①直接浇注法;②车削加工成型法;③模板刮削成型法;④翻制粗模成型加工法;⑤骨架浇注成型加工法;⑥石膏复制立体模型。

2.具体详解

(1)直接浇注法。①初修;②精修;③修饰;④粘接。

(2)车削加工成型法。车削加工成型法是在车床上利用石膏相对于刀具旋转对工件进行切削加工的方法,也就是在车床上,利用石膏的旋转运动和刀具的直线运动或曲线运动来改变毛坯的形状和尺寸,把它加工成符合图纸的要求。

车削是最基本、最常见的切削加工方法,在生产中占有十分重要的地位。车削加工的切削功能主要由工件而不是刀具提供。车削适于加工回转表面,大部分具有回转表面的工件都可以用车削方法加工,如内外圆柱面、内外圆锥面、端面、沟槽、螺纹和回转成形面等,其所用的刀具主要是车刀。

(3)模板刮削成型法。模板刮削成型法是用模板挤压已制好的并相当湿润的石膏毛坯初塑成型的方法。模板成型的用具由滑动模板和模板架构成。使用模板挤压石膏毛坯前,首先在毛坯上画好与导边的距离,挤压时用双手平衡地拉动整个模板,紧贴着导边慢慢地在石膏毛坯处逐层地刮削,切出所要的形状。拉动时按同一方向进行,不可来回刮动。每次刮削后,应迅速把模板上的石膏清除,并常在毛坯上喷洒些水雾,以使切削边缘更加光滑。

(4)翻制粗模成型加工法:①制作粗模;②按粗模翻制模具;③按模具翻制石膏模型;④修

整完善。

(5)骨架石膏模型。利用雕刻方法制作细节较多或曲面变化较大的模型时,预先在型腔内搭建骨架,可以提高雕刻过程中的准确度。

(6)石膏复制立体模型。石膏模具在制模前要用黏土(泥)把"原型"垫上,尽可能让分模线处于水平位置,使脱模方向与工作面垂直。"原型"垫平放好后,用塞料(黏土炼制熟的泥),也可用塞板(石膏板、木板、金属板、塑料泡沫板),沿分模线将暂时不浇注的部分堵塞,留出需要马上浇注的部分。周围用挡板(围板)围住并夹好,涂上脱模剂(肥皂溶液、凡士林、苛性钾溶液),便可进行第一次浇注。浇注时为了防止石膏浆渗漏出,以黏土(泥)把围板周围缝隙堵塞好,石膏应以最低角注入模内,以慢慢流动淹盖整个"原型"。

浇注完成后,在石膏还未凝固时,轻轻摇动工作台面或轻敲围板边,让石膏浆内的气泡浮出表面,待一定时间凝固后,第一次模件制作已告完成。然后把模件整体翻转,除去黏土(泥)堵塞物和底板,未浇注部分的"原型"就完全露出,可做第二次浇注。为了获得合模正确、位置不发生错位,可做几个凹凸定位销位置。

第二次浇注前,要把"原型"表面及空腔内的第一块模件挡板等都涂刷上脱模剂,然后按第一次浇注方法和要求进行第二次浇注。待石膏凝固后,拆除挡板,这样就完成了一套二块件石膏模具了。

3. 石膏模型着色与加固方法

(1)喷涂法。喷涂前打磨石膏模型表面,清理干净,再用酒精喷涂一层,然后喷上油漆,晾干即可;另一种方法是先在石膏表层喷涂一层水粉色,待晾干后再喷罩上清漆(上光漆),但色彩纯度会有所减弱。

(2)调和着色法。调和着色法分为湿混合和干混合两种。湿混合要先在水中加入颜料,再加入石膏粉调制石膏,如果在石膏浆中加入颜料色,能产生天然的纹理效果(如同大理石);干混合是指在石膏粉中加入颜料粉末,再调制石膏浆。

(3)石膏制品加固法。其方法主要有:①用金属器皿盛水加入工业用硼砂(按 10∶1 的比例),溶化后(温度以 90℃为宜,要清除杂质),将石膏制品浸入其中,或将溶液涂刷在石膏制品上,晾干后石膏表面光滑坚固。②用胶水(动物胶合水 1∶10 左右)调石膏粉。石膏加胶水凝固慢,脱模时间长达 8 小时,但制品坚固。其他加固剂如腐殖酸钠的效果也很好。

(二)木材模型加工成型工艺

1. 木材模型制作的工具与材料

(1)工具。合理选用工具来加工木制模型,是保证模型效果的关键。加工木制模型的工具分为四类:①刨类。平刨、槽刨、铁刨、球面刨、电刨等。②凿类。平凿、斜凿、圆凿、电钻等。③锯类。手锯、钢锯、钢丝锯、弓锯、电锯等。④刻刀类。手工刻刀、手控机械刻刀、木工铣床等。

(2)木料。用于加工模型的木料分为木方料(指原木方料)、板料(指原木板料和人造板料)两种。

2. 木材模型加工成型的步骤与方法

(1)木材模型加工成型的步骤。

①合理选材。应根据设计效果,遵循以下原则合理选择木制材料:A. 制作小模型应选择实木板方材料。B. 制作较大的模型时,选材要以设计的具体效果为准。C. 双曲面或多向曲面造型特征的形态,应选择人造密度板,可以叠加刨削成型。D. 合理选择用于材料连接的钉、胶

等材料,以保证模型加工连接的制作需要。

②绘制模型加工放样图。这是保证模型制作符合设计效果与尺寸要求的关键。

③裁料。根据模型加工放样图合理下料,为下一步模型拼装、组合与精细加工做准备。

④裁锯型材初加工。

⑤连接组合与修整。

⑥木材模型的涂饰。木材模型涂饰的工序是:A.模型表层刮灰底后打磨平整;B.涂底漆后打磨;C.涂面漆,每涂一遍面漆需打磨一次;D.喷涂清漆罩光即可;E.如果需要高度光洁的表面,可以对表面进行抛光打蜡。

⑦调整完善。待模型表层的涂饰材料干燥后,需要把分开涂饰的部件重新装合。由于涂饰的漆液流淌,部件安装的接合处有漆液堆积而使安装效果不佳,此时只需用铲刀修整安装即可。

(2)木材模型连接的成型方法。①榫连接;②卡连接;③链连接;④螺连接;⑤管连接;⑥轴连接。

(三)塑料模型加工成型工艺

1.硬泡沫塑料加工

(1)切割:主要有冷切和热切两种方法。

(2)加工:磨锉,磨削,填洞修补。

(3)涂饰:涂饰前先在模型表面刷上一层水性腻子浆,待晾干后用砂布打磨光滑。

2.板材塑料模型制作

(1)结构分块设计。结构分块设计主要是指根据需要制作模型结构划分为若干模块,依次成型的一种设计方式。

(2)分块成型。制作曲面形体时,需要分别用石膏或木制材料制作出母模,再加热塑料板材热压成型。

(3)连接组合成型。把分块制作好的各部分通过粘接、螺接、卡接、焊接等方式组合成模型。

(4)精加工。精加工主要是指对各部分裁切面和不规范的细小部分磨削或切削加工。

(5)涂饰。涂饰主要是用亚光漆和颜料调和喷涂,还可用各种发泡墙纸粘贴喷涂。

3.塑料模型制作的相关技术

模型制作中有一些变化复杂的小件或附属配件无法用热压成型法成型,可采用以下相关技术来制作。　、

(1)根据设计尺寸可以直接在塑料板上放样,也可以借助较为规范的放样板准确放样。

(2)在制作模型的过程中尽可能使用工具加工,以提高模型制作的质量。

(3)对于一些开关结构和按键等功能性作用的造型,则要求实做。

(4)对于一些受力面积较大以及容易受力断裂的粘接处,应粘接加强筋使其更牢固,在胶水融化、塑料干固之前应用手扶稳粘接处。

(5)对于一些边角圆弧,则需要根据其弧度大小用不同方法制作。边角弧度大的模型,可以利用导模,用烘箱加热或用电吹风加热的方法弯曲弧度;边角弧度小的模型,可用塑料粘贴加厚,再使用锉刀磨削成弧型。

(6)如果模型上需要钻孔,应该在放样裁切板块粘接组合之前进行,一般可以使用手枪钻

和台式钻两种。由于台钻比较稳定,因此钻孔的效果更好。

(7)对于需要在模型表面中心挖圆形的情况,必须从圆形中心开始。具体方法如下:先用刀具钻一个小孔,然后把线锯条从孔中穿过,再把线锯安装好进行锯切。如果是在曲面上挖切圆形,则必须把曲面翻转过来使曲面靠贴在工作台面上锯切。

(8)塑料模型进行表层涂饰时,一般使用油漆材料更利于塑料材质表层的吸附,而选用气泵喷涂法会比较均匀、美观。需要注意的是,不需要喷涂的地方要用胶带和模板遮挡好,以免被喷涂而影响模型的整体效果。

(四)玻璃钢模具成型工艺

1.玻璃钢模具

玻璃钢模具主要有:①阴模;②组合模具;③模胚与母模。

2.手工糊制制作工艺

(1)玻璃钢制作常用工具有:①剪刀;②平刷;③橡皮刮刀;④烘灯;⑤打磨工具。

其他还应准备的工具包括各种容器、量杯、称量工具、钻孔工具、螺栓、螺帽、玻璃纸等。

(2)常用原材料及配比。①基体材料(树脂)配料(室温 25℃);②腻子配料;③模胚表面翻制模具配料;④玻璃钢制品脱模材料;⑤玻璃钢方格布。

(3)手工糊制。手工糊制时应注意:

①待模坯或模具的表面层胶衣或树脂配料初凝时,应立即铺层糊制。

②玻璃布之间的接缝应相互错开。

③增强材料的铺覆,玻璃钢两个方向上的力学性能应相同。

④含胶量。使用方格布时,含胶量应控制在 50%～55%;用毡时,含胶量控制在70%～75%。

⑤涂制工具。在转角处及小型产品上一般采用毛刷,毛刷的缺点是容易造成玻璃纤维曲折,影响强度。

⑥有时为了提高刚度,会在产品中埋入加强筋。

⑦糊制时,用力沿布的经向和纬向朝一个方向赶气泡或从中间向两头赶气泡。

⑧遇到直角、锐角、尖角而又不能改变原设计时,可填充玻璃纤维加树脂。

(4)固化。目前手糊玻璃钢脱模时间不应少于24h,也可在 60～80℃下处理 2～3h,以缩短脱模时间。

(5)脱模。

①脱模前应将模具边缘的玻璃钢毛边、树脂等残留处理干净,便于顺利脱模。

②脱模时不能硬敲,应根据模具形状结构因势利导。即使需要槌打,也只能用木槌或橡皮槌进行槌打。

③脱模时应注意防止玻璃钢制品表面被划伤。

(6)后期加工与表面处理。后期加工与表面处理主要有:①玻璃钢白坯的加工;②表面上漆处理。

(五)油泥模型制作程序与方法

1.程序

首先,把方案绘制成可按规范尺寸制作模型的三视图,为制作放样做准备;再按照比例对三视图进行各个立面的放样。放样可以用硬纸板或有机玻璃板,按比例制成的模块将成为后期模型制作的依据。

其次,制作模型的内部填充形态。按放样尺寸裁切发泡块;按设计形态要求,将裁切的模块组合粘结牢固,要求本阶段的形态比完成时的正常形态小(一般缩进 1~2cm)。

再次,堆敷油泥与形态调整。油泥加热后迅速堆敷在发泡塑料的车体上,一般堆敷的厚度在 1~2cm,固定车体进行坐标测点和放样板调整来设计形态。

2. 工具

油泥模型表面制作需要合理使用工具,几种刀具的使用与作用如下:

(1)凹形双曲面的部位,使用蛋形刮刀加工制作,容易达到理想效果。

(2)单曲面部分,使用直角油泥刮刀和双刃油泥刮刀较好。

(3)车体形态有凹槽的部位,一般使用三角刮刀。

3. 油泥模型的精细制作

(1)边线要精细刻画,以体现造型的工艺特征。

(2)表面收光平整,以获得良好的视觉效果。

(3)结合其他特殊材料与油泥模型配合使用,目的是使模型更具有真实感,如玻璃贴敷反光膜等。

(4)在油泥表面刮腻子打磨上漆,进一步达到仿真效果。

(六)其他模型制作方法与工艺

纸材模型的制作比较简便,适合用来制作体面简单的模型。另外,纸材着色也方便。制作纸材模型的材料有白卡纸、铜版纸、色纸以及金、银箔纸和彩色塑料纸等。在制作模型时,首先根据模型结构剪裁好(注意预留好胶接部分)纸材,还可以用其他材料固定做支架。然后,把纸卷成或折成所需要的形状,固定形状的方法有卡接和胶黏接等多种方法。

纸材模型表面涂饰有三种方法,一种是用笔直接涂刷颜色;其次是喷涂,喷涂的效果更为真实,视觉效果也好;还有一种是用装饰纸剪贴装饰。

(七)综合材料模型的制作

用于制作模型的材料很多,不仅应该按照各类模型的主要功能合理选择材料,而且需要根据实物造型的形态特征和体量来选择。

在制作较大型的模型时,为了平面组合关系要做出体面方直、平整、简洁的造型效果,选用木材层板或塑料板来制作较为方便。用塑料板制成雏形,再用砂纸进行转角打磨修饰,然后加装饰和喷涂色彩,这样既方便又省工、省时,视觉效果也不错;如果用木材来制作,则技术量大,费工又费时;用石膏则重量大,费材料,费工时。有些既有平面又有弧面、弧形的模型,其平面部分可用木质层板制作,弧面部分可用石膏成型。这样充分利用材料的特点来制作模型,可以收到事半功倍的效果。

总之,模型的材料选择可以多种多样,只要适合制成模型的形态都是可取的。例如,一些废品如铝罐、瓶盖、废有机玻璃等,只要符合制成模型形态的要求,都可以用于模型的加工。一些不易制作的部分也可以利用配套部件来替代,例如,加工按比例缩小的汽车模型时,其车轮如果选择合适的玩具车轮,也可以获得较好的效果。

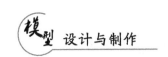

第三节　模型样品的制作

一、加工图纸

设计方案图、效果图、尺度草图只是样品制作的参照图,已定方案模型制作尺度图、三视图或生产加工图是样品制作的依据。在制作前,要熟悉图纸的每个尺寸要求,核查图纸所标的尺寸是否与设计要求相符合,按图纸的尺寸放出一定的加工余量,方可画线切割下料。

二、画线切割

样品制作所采用的材料基本上是 ABS 工程塑料,为节约成本、避免造成浪费,常采用划针或硬铅笔(2～4H)画线。只有准确把握每块模型材料的尺度,模型才有可能做得精致、出效果。切割时用勾刀或墙纸刀沿线的外边勾画下料,所切割下的用料可手工刨边除去毛刺和斜口,以方便后道工序中粘接平整、牢固。

三、制作主体初型

样品形态主体形样材料下好后,可进行压模或围合加工,粘接成样品的主体。一般弧面形态、球面形态、柱形形态都需要压模成型,经切割修整连接面后再粘接成体(柱形也可经围合成筒状,再粘接上、下两个面)。主体粘接成型,按图纸要求倒角或加工圆弧角。

四、制作局部初型

所谓局部,是指与主体连接的部分结构处的造型,或是主体形态无法一次成型,需要分部位制作再连成主体的部位。局部初型往往是主体的关键部位,加工要求精细准确,避免组装成整体时带来麻烦。

五、清边修整

当主体与局部的初型制作完成后,要按尺寸线对形体的连接处进行仔细清边(用小刨、锉刀加工),一定要把粘接合缝处的线面调整准确,做到平整光滑,不留毛刺。

六、内接点定位

这里所指的接点,是指样品形态主体或局部的内腔与产品内结构连接安装固定的部位。一般按内结构装配图的要求来制作接点,以确定接点的加工与固定方式。

七、加强筋分布

样品制作多选用的是板材加工,其形体强度与机器成型的强度有很大差别。加强筋的分布与制作要根据材料的强度与应力、接点分布与固定方式及内部结构运动的力度大小,来确定加强筋的厚度、数量与分布位置,为以后机械化生产加工和开模具工艺提供依据,同时也保证了样品强度能达到设计的要求。

八、整体合型

将制作的主体初型与局部初型连接成样品整体的外型,此时需数人帮忙,不同的连接方式要有相匹配的固定方法,从大到小、从整体到局部,逐步连接成整体形态。

九、粗打磨

整体合型固定后,要修整制作工序中所留下的痕迹,然后进行粗打磨。粗打磨基本选用 1 号砂布或零号砂布打磨,除去合缝处、连接处、模压过程中所留痕迹的部位,以及粘接中留下胶痕部位的粗糙部分。

十、分形线与切割

整体合型打磨后,要按照设计图画出形态的分型线,再切割分解下来,为日后生产加工组装与开模具工艺及模具数量提供合理的依据。

十一、制作镶扣

把样品切割分解后,按设计要求分析、确定日后生产组装时的合形工艺方式制作镶扣(如扣压、滑槽、卡接、螺接、锁定等不同合模的固定方式)。

十二、样品组装检测

样品外形制作工序完毕后,设计师和工程师以及描绘图纸的技术人员要对样品进行分析,从而形成最终结果。

通常需要仔细核查检测造型、固定方式、节点、加强筋、连接件、扣件等的强度与牢固程度,以及组装合型的安装工作状况,然后在各工程技术人员的配合下,按其组装程序将所有部件、构件按设计要求定位安装好,组装成完整的样品。

十三、样品的修饰

样品要进行细致的修整,不能有明显的痕迹。在进行精打磨时,通常用更细的砂布、水砂纸或金砂纸来打磨,在样品形态上不能留有锉刀痕迹和无明显的砂布打磨的痕迹,使样品形态表层光滑、平整度均匀。

对于样品制作的面饰,应根据设计人员提出的不同工艺要求进行涂装,再将文字符号、商标、厂牌等按设计定位要求饰贴到位。

第四节　方案切块模型的制作

一、泡沫切块模型

在方案草图阶段,为了简单、快捷地表示空间布局,还要便于下一步的修改,最常见的方法是利用泡沫制作切块模型。

首先,要估算出模型体块的大致尺寸,用单片锯在大张泡沫板上锯出稍大的体块,厚度不够时可用乳胶粘贴牢固后再到电热切割器上进行进一步加工。

用电热切割器加工时,先将靠模调到所需的尺寸,再把泡沫块紧贴靠模,速度均匀和用力均匀地让电热丝从中划过,太快会使断面粗糙、倾斜,太慢则电热丝会把泡沫熔化,形成硬结和空洞。当断面粗糙时,可用砂纸打磨使其表面平整、光滑,易于粘贴。粘贴时,如果面与面接触翘变、扭曲,可用大头针、长粗漆包线辅以固定,待干后用砂纸打磨,即不留痕迹。

其次,在做一些不易徒手控制的形状时(如八角形、圆形),要先用厚卡纸制作模板,再用大头针固定于泡沫上,然后切割。当上、下距离很长,如圆柱体高度较高时,需要制作上、下两块模板,利用两块模板辅助切割。

第三。泡沫模型制作快,易于修改且拼贴方便,如果制作精良,再加上配景,也可作方案模型展出及讨论。尽管泡沫模型颜色单一,但在规划模型中,大片的白色泡沫同样能获得非常适宜的效果,而且其重量又非常轻,当处理大的模型时,重量的大小是被考虑的一个重要方面,所以在这种情况下常被选用。有时为了使表面更加光洁,也使用外面包一层卡纸的方法。

最后,泡沫切块模型的底盘制作采用删繁就简的方法,以简洁的方式表现出道路、广场和绿化。当大部分建筑置于绿化间时,需将绿化颜色加深,以突出建筑。通常情况下,道路、广场的绿化用浅灰、深灰、蓝灰、暖灰和墨绿。树形则选用简单的圆形和宝塔形,圆形用大小适宜的塑料珠(项链上的小珠)、木球、钢珠等代替(也有用豆粒),将其喷成绿色;宝塔形需用海绵剪成,有时也用跳棋棋子下部粘一短杆再喷漆制成。

二、软木切块模型

软木的规格为 $400 \times 750mm$,厚度为 1cm、3cm、5cm。软木加工容易,并且 3cm 厚的软木恰为 1:100 模型中的一层楼高度,易算、易做且易粘贴(乳胶),干后表面可画上建筑平面,也可用卡纸做一模板,订牢后用台锯或曲线锯切割。当断面毛糙时,可用砂纸打磨。

软木以其特有的本色给人以冗实、稳重之感,而且与各种深色(深灰、蓝灰、墨绿)容易协调,有别于泡沫的廉价,是规划模型的理想材料。

三、其他切块模型

切块模型还可选用很多其他材料,如木块、黏土、卡纸、有机玻璃等。木块取材方便,又非常容易加工,制作时选用质软、有细密纹理的木块,可以非常容易地切削成所需的形状。可用锯子、刨子手工制作,也可用电动工具如手提电锯、曲线锯、台锯、压刨等进行加工。

用黏土做规则体块需要开模制作。由于粘土具有很强的可塑性,所以主要用来做雕塑模型。

用卡纸做切块模型也非常快捷。用裁纸刀裁出所需的高度,在转折线上轻划一刀,就可很方便的折成多边形。因卡纸较为柔软,因此可以弯成任意曲面。而用乳胶粘贴,则较为牢固。

有机玻璃制作的切块模型为切块模型中的"大作",其制作较为复杂。计算平面顶板时需扣除侧板厚度、计算一侧板时需扣除另一侧板的厚度、圆弧处需加热弯曲,具有一定的难度,有时可利用质地较软的胶板代替。粘接需要平整,粘后要打磨消除接缝痕迹再喷漆。可使用丰富的色彩,在同一模型中可进行分色处理,如规划模型中的一、二期工程或新建建筑与原有建筑用颜色加以区分。有机玻璃切块模型是各种切块模型中最为费时、耗力的,但成品光洁、挺括、干净、利落,这是其他材料无法比拟的,因此,它是正规场合模型(主要是规划模型)的首选材料。

第五节　展示模型的制作

标准模型与展示模型的区别只在于制作的进度不同,前者在施工图设计过程中制作,后者在施工图定稿甚至在建筑竣工后制作,但它们的制作方法是一样的。

一、卡纸制作建筑模型

卡纸制作的建筑模型,骨架材料(构架平台)用 1.2～1.8m 厚的硬卡纸,构架平台用 0.5～0.8mm 厚的卡纸。需注意的是,制作时需扣除玻璃材料和剖面材料的厚度;以幻灯投影机用的胶片代替玻璃材料,胶片用照相色染成所需颜色;透明文件夹也可做玻璃材料(避光薄膜、汽车用膜);彩色水彩纸(薄布纹纸)可做墙面、屋顶(需保持表面清洁)。

在用卡纸材料做模型的建筑墙面窗洞时,为保证切口光洁整齐,需经常更换刀片。工作时胶垫也是必需的,它能减少刀口磨损,保证切口垂直。刻窗洞前需选色较淡的硬铅(H～3H)刻线,刻线要轻,刻好后擦去铅笔线。

用卡纸制作建筑模型的具体步骤如下:

(1)用硬卡纸搭出骨架。

(2)将镜面材料用双面胶贴在骨架上,为保证墙面平整,在没有窗的地方也要贴满。

(3)将刻好窗洞的墙面卡纸用双面胶贴在镜面上。

(4)封上屋顶。

(5)配上小构件,如雨棚、阳台、走廊及花坛等。

二、有机板模型与 PVC 板模型的做法

有机板模型与 PVC 板(胶板)模型的做法类似。不透明的 PVC 板,在表示窗户时需要刻通,只适合在大比例模型上使用,或用在不开窗的小比例模型(1∶600 及更小)上,而有机板则适用于任何比例的模型。

有机板模型与 PVC 板模型在材质上的区别决定了加工的难易程度。在裁胶板时,用裁纸刀或手术刀划一两刀后折断,这样能保证其断面垂直。用勾刀裁到的部分为斜面,必须锉平才能垂直。

胶板质软,容易被氯仿融化,搭接好后多余的部分很容易锉平。用勾刀裁有机板应在原有的尺寸上放出 0.5cm,勾好锉直后尺寸才能适合需要。厚有机板裁下后可用木工刨刨一下,既快又好(用电动台锯裁板比勾刀快且好,断面垂直,尺寸一样,利于粘贴)。

有机板开洞比较麻烦,首先要画好开洞范围,再用电钻钻孔,然后用线锯的锯丝从中穿过,锯出洞形,最后用锉锉平(雕刻机更方便)。

不论是有机板还是胶板,都应搭出外壳,喷好漆,最后上玻璃。玻璃材料应选与建筑玻璃颜色相近的有机玻璃(常用的有淡灰、淡绿、淡蓝、淡茶色,但要透明,背后再裱上银膜),作为玻璃门窗,还可按设计图上的门窗分割线勾出窗线,在勾缝里涂上白漆,趁未干时用酒精擦除缝外的漆,玻璃上就留下了很挺的白窗线。

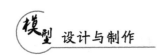

有机板模型与 PVC 板模型制作的具体步骤如下：

(1)选择与建筑玻璃颜色相同的有机玻璃,裱好银膜,按墙面大小裁好板材。

(2)在门窗位置上贴上胶带,刻出门窗形状,然后撕去多余部分的胶带。

(3)调出墙面色,喷漆上颜色。

(4)揭掉门窗上的胶带,封上屋顶。

(5)配上小构件,如雨棚、阳台、走廊及花坛等。

第七章 模型的制作

第一节 建筑模型的制作

一、建筑单体模型的制作过程

建筑模型的制作是利用工具改变材料形态,通过粘接、组合产生出新的物质形态的过程(见图 7 - 1)。

图 7 - 1 建筑模型

建筑单体模型制作材料主要有:纸板材、聚苯乙烯材、木板材、有机玻璃板及 ABS 板材等。

建筑单体模型主要分为:建筑主体部分、建筑群楼部分及周边道路网、环境部分。

建筑单体模型的制作关键是注意相互之间整体关系的协调,但建筑主体部分制作要求精细程度高。

(一)建筑模型的制作步骤

(1)绘制建筑模型的工艺图。注意比例尺寸、平面图和立面图。

(2)排料画线。复印各个面板材料的切割线。

(3)加工镂空的部件。先钻小孔,然后穿入锯丝,锯出所需的形状。锯割时需要留出修整加工的余量。

(4)精细加工部件。切割好的材料部件,根据大小和形状选择相宜的锉刀进行修整。

(5)部件的装饰。在各个大面粘接前,先将仿镜面幕墙及窗格子处理好,再进行粘接。

(6)组合成型。将所有的立面修整完毕后,再对照图纸进行精心粘接(见图 7 - 2、图 7 - 3)。

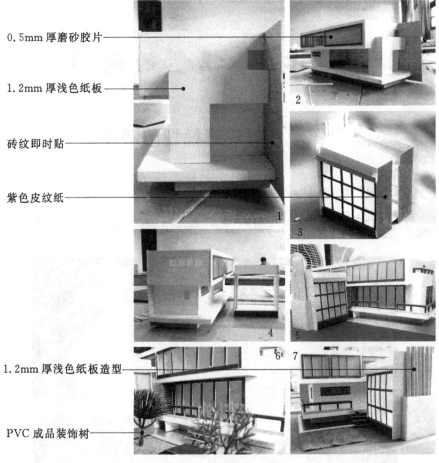

0.5mm 厚磨砂胶片

1.2mm 厚浅色纸板

砖纹即时贴

紫色皮纹纸

1.2mm 厚浅色纸板造型

PVC 成品装饰树

图 7 - 2　建筑模型制作步骤

(二)有机玻璃房屋的做法

1.做法一

(1)根据立面图纸选好全部有机玻璃片,在图纸和有机玻璃片之间垫上复写纸,用圆珠笔把立面图上的门、窗等位置描在有机玻璃片上。

(2)用手摇钻或微型电钻等工具在有机玻璃片上将需要挖掉的门窗等位置钻出小孔。

(3)将手工锯条穿入孔内,上好锯条按线将多余部分锯掉。

(4)所有门窗等孔洞锯好后,用组锉修整,并在窗口后面粘上茶色透明有机玻璃,窗户就做成了。

(5)将所有立面制作好后,按图纸粘合起来,一幢房屋就制作完成了。

2.做法二

按立面图纸要求选好用料,在用料的背面用手术刀、刻刀等工具将需要制作的房屋立面划好,用手在有机玻璃片上擦几次,把灰尘或颜色揉入划痕内(即铭线法),便能看清线条,其他做法同做法一。各立面做好后,即可按图纸将各面互相粘接起来,再粘上房盖、阳台、装饰线条等,一幢房屋就制作完成了。

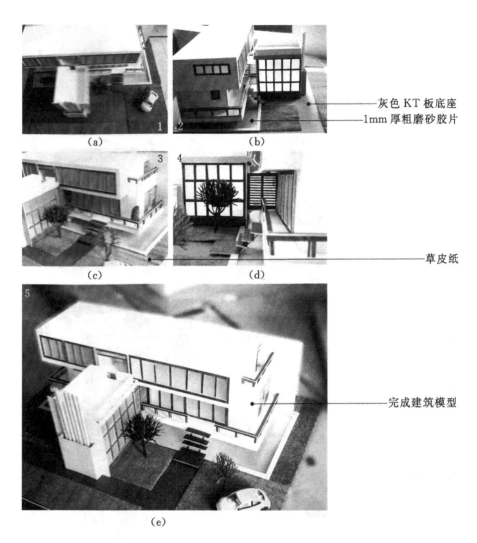

图 7-3　建筑模型制作步骤

(三)卡纸房屋的做法

(1)将卡纸裱糊在图板上,根据需要选择卡纸的厚度。需注意的是,卡纸干后不要取下来。

(2)将建筑物的展开立面和所有要表示的内容绘在裱好的卡纸上,并预留粘接余量。

(3)用手术刀、刻刀等刀具刻出门窗等。

(4)用马克笔、毛笔、水粉笔、喷笔等或涂或喷上设计时所需颜色。

(5)裁下所有用料,用胶水、乳白胶等把用料拼接成形(见图 7-4、图 7-5、图 7-6)。

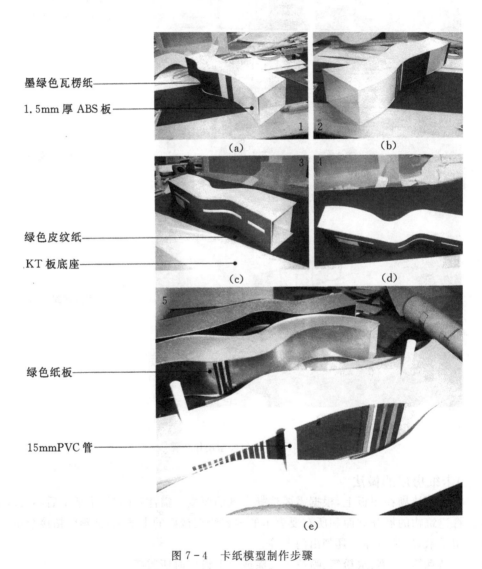

墨绿色瓦楞纸

1.5mm 厚 ABS 板

(a)　　　　　(b)

绿色皮纹纸

KT 板底座

(c)　　　　　(d)

绿色纸板

15mmPVC 管

(e)

图 7 - 4　卡纸模型制作步骤

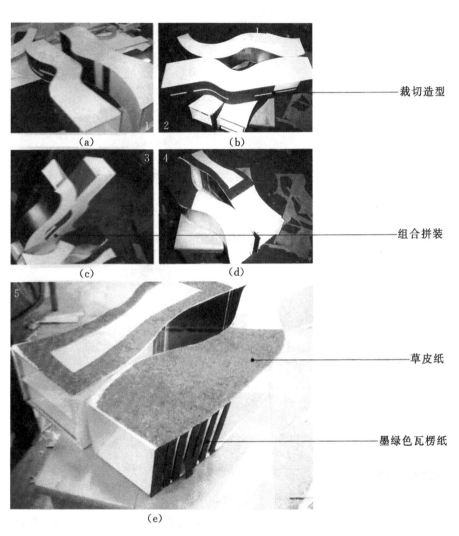

(a) (b)

裁切造型

(c) (d)

组合拼装

(e)

草皮纸

墨绿色瓦楞纸

图 7-5 卡纸模型制作步骤

1.5mm 厚 ABS 板————

压花透明胶片————

25mm 聚苯乙烯板底座————

（a）

彩灯————

完成建筑模型————

（b）

图 7-6　卡纸模型制作步骤

（四）吹塑纸房屋做法

（1）将吹塑纸和图纸、卡纸等裱糊在一起（增加厚度与硬度）。

（2）其他做法与卡纸房屋相同。需要注意的是，吹塑纸模型不留粘贴余量，但在裁料时要将互相对接的两边各裁成 45 度角，以便粘成 90 度角；房屋中间还要用苯板做芯加固。

二、建筑小区模型的制作过程

1.建筑小区模型概念

建筑小区模型是建筑单体模型的延伸，其包含不同的组团和建筑形式。

2.建筑小区模型规模

建筑小区模型规模有大有小，小的几万平方米，大的有几十万至上百万平方米的建筑面积。

3.建筑小区模型组成

建筑小区模型包括建筑单体、配套设施、小区环境、广场道路、人车交通、围墙、小区大门等。

4.建筑小区模型制作

(1)根据总平面图,将其缩放到相应的比例上,绘制平面图和立面图。

(2)在底盘上复制出相应的小区边界、小区内外道路网、小区内建筑的位置、树、铺地等。

(3)复杂的小区还有人车分流系统、上升或下沉广场、拼花铺地、地形高差、车库出入口等。

(4)小区首层有商业,要将店铺的内饰橱窗等都做出来,营造出十分生动、逼真的气氛。

5.建筑小区模型效果

(1)色彩。小区的绿化要分为不同色彩,同一色相上的绿化也要做不同层次的区分才会显得生动。

(2)绿化。从树种上分,也有行道树、点景树、绿篱、草坪、灌木丛等不同层次。

(3)灯光。现代模型效果中极为重要的一个环节,除了建筑内部灯光,还有外部射灯、路灯、庭园灯、地灯、廊灯等。

6.建筑小区模型前景

建筑小区模型是目前市场需求量较大的一种,原则上讲,几大要素的制作并没有固定的模式,允许做相应的突出夸张,效果好是唯一的标准。

三、室内剖面模型的制作过程

1.室内剖面模型特性

室内剖面模型有较强的功能性、直观性和趣味性,往往比较生动、逼真,通常是在房地产销售中用来指导销售不同的户型时使用。

2.室内剖面模型前景

随着中国房地产产业的迅速发展,室内剖面模型也日益显示出其不可替代的表现力,不仅是室内设计师用于构思创造室内空间的辅助设计手段和用在设计产品的物业销售推广上,更是比单纯图纸更为具体、生动、写实的表现工具。

3.室内剖面模型的制作比例

室内剖面模型一般都较大,适合于家具的制作和装饰、装修的表现,分为横剖和纵剖两种模型。

模型的横剖是指从建筑的横断面,即一般门窗的位置切开,用于表现室内房间朝向、位置、关系、空间格局以及展示不同空间的使用功能和装饰气氛(见图7-7至图7-10)。

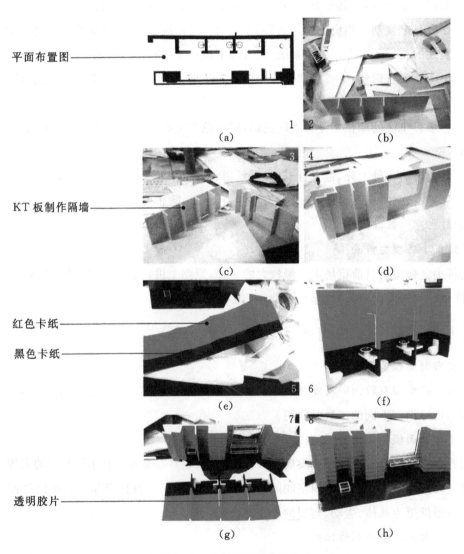

平面布置图

KT板制作隔墙

红色卡纸

黑色卡纸

透明胶片

图 7-7　卡纸模型制作步骤

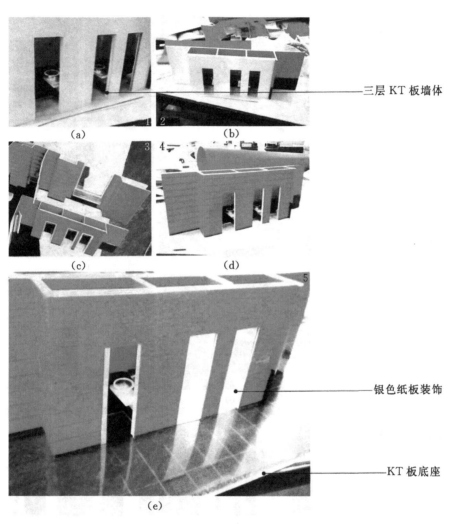

(a) (b)

(c) (d)

(e)

三层 KT 板墙体

银色纸板装饰

KT 板底座

图 7-8 卡纸模型制作步骤

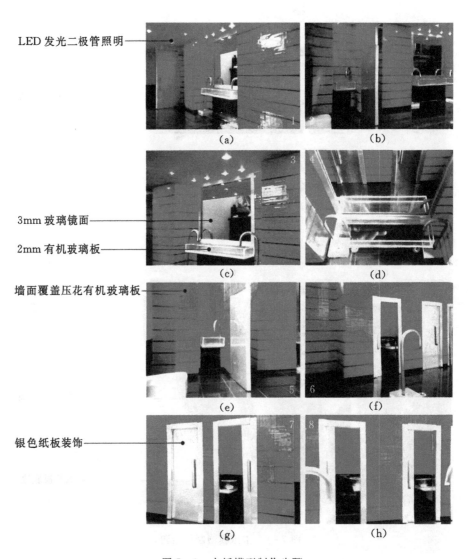

LED 发光二极管照明

3mm 玻璃镜面

2mm 有机玻璃板

墙面覆盖压花有机玻璃板

银色纸板装饰

图 7-9 卡纸模型制作步骤

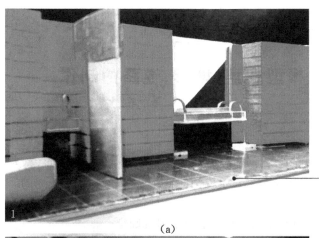

黑色塑料颗粒夹层

(a)

完成建筑模型

(b)

图 7 - 10　卡纸模型制作步骤

　　模型的纵剖是指从建筑的竖向切断,剖切位置中包括交通枢纽(楼电梯空间)和空间竖向变化丰富的部位,用于表现室内的纵向格局、不同楼层的功能分区、交通连接方式、空间立体变化等。

　　4.室内剖面模型的制作过程

　　(1)建筑内外墙体的制作。①外墙同建筑主体模型一样做色彩及质感处理,增添建筑外观的细部装饰;②内墙根据室内设计对墙体、地面、地脚做装饰,在墙面喷涂墙漆或贴壁纸,地面可做石材、木地板、地砖、地毯等,地脚随同地面做相应处理。

　　(2)室内家具的制作。①室内家具风格要同物业的档次、销售对象及室内设计整体构思相匹配;②模型比例和家具尺寸要使空间在合理利用的同时又显得宽敞而舒适,而不是拥挤而狭小的。③制作室内家具材料的品种很多,如 ABS 胶板、石膏、有机玻璃、纸板、布艺、聚苯板、木板等;④制作工艺要因地制宜、多种多样,可用电脑雕刻机制作,也可用翻膜技术与热加工技术相结合制作,各种家具及配件均要经喷漆处理以达到仿真效果。

　　(3)室内装饰品的制作。①室内装饰品的种类有绿色植物、花卉、装饰画、雕塑、陶艺、灯具、装饰布艺(如沙发靠垫、床上用品、椅垫)、壁挂、装饰地毯、家用电器(如电视、音响、洗衣机,

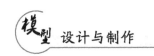

设计与制作

电冰箱、电脑、电话、空调等)、书籍等;②室内装饰品的做法和材料可谓五花八门、因人而异,但也是由模型制作的基本技法演变而来并举一反三的。

第二节　模型底盘、地形、道路的制作

一、模型底盘制作

底盘是建筑模型的重要组成部分,它对主体模型起支撑作用。平整、稳固、宽大是模型底盘制作的基本原则,在具体制作中还要考虑建筑模型的整体风格、制作成本等原因。

(一)模型的底盘尺寸

模型的底盘尺寸一般根据模型制作范围和以下两个因素确定。

1.模型标题的摆放和内容

模型的标题一般摆放在模型制作范围内,其内容详略不一,所以在制作模型底盘时,应根据标题的具体摆放位置和内容详略进行尺寸的确定。

2.模型类型和体量

规划模型一般是景物的外边界线与底盘边缘不小于10cm。

单体模型应视其高度和体量来确定主体与底盘边缘之间的距离。

底盘的材质应根据制作模型的大小和最终用途而定。

(二)底盘的种类

1.聚苯乙烯板底盘

聚苯乙烯板(PS板)的质地轻盈,厚度有多种规格,可以根据不同体量的建筑模型作适当选择。底盘边长小于400mm,可以选用15mm厚以下的PS板或两层厚5mm的KT板叠加;底盘边长为400～600mm,可以选用20mm厚的PS板或三层5mm厚的KT板叠加;底盘边长为600～900mm,可以选用25mm厚的PS板,表面覆盖1mm厚的纸板或1.5mm厚的PVC板;底盘边长大于900mm,可以选用30mm厚以上的PS板,表面覆盖1.2mm厚的纸板或2mm厚的PVC板(见图7-11)。

PS板与KT板具有质地轻、韧性好、不变形等优点,是普通纸材模型、塑料模型的最佳底盘材料。如果在建筑模型中需要增加电路设施,电线也能轻松穿插至板材中间并向任意方向延伸。

然而,成品PS板和KT板的切面难以打磨平整,需要应用厚纸板、瓦楞纸或其他装饰型材做封边处理,以保持外观光洁。

图7-11　聚苯乙烯板模型底盘

图7-12　实木板模型底盘

— 128 —

2.木质底盘

木质底盘质地浑厚,一般选用1m厚的实木板、木芯板或中密度纤维板制作,边长以达到900mm,但是超过1200mm的模型底盘需采用分块拼接的方式加工,即由多块边长为1200mm以下的木质板材拼接而成,避免板材发生变形。如果木质底盘有厚度要求,也可以先用30mm×40mm木龙骨制作边框,中央纵、横向龙骨间距为300—400mm,最后在上表面覆盖一层15mm厚的实木板。

木质底盘一般会保留原始木纹,或在表面钉接薄木装饰板,装饰风格要与建筑模型主体相衬映,板材边缘仍需钉接或粘贴饰边,避免底盘边角产生开裂(见图7－12)。厚重的实木底盘适用于实木、金属材料制作的建筑模型或石膏、水泥材料制作的地形模型。如果只是承托厚纸板、PVC板和KT板等轻质材料制作的建筑模型,也可以选用木质绘图板(画板),绘图板质地平整,内部为空心构造,外表覆盖薄木板,质重较轻,方便搬移,是轻质概念模型的最佳选择。此外,用于底盘制作的材料还有天然石材、玻璃、石膏等,均能起到很好的装饰效果。

无论采用哪种材料,建筑模型的底盘装饰效果都来自于边框,边框装饰是模型底盘档次的体现。在经济条件允许的情况下,可以选用不锈钢方管、铝合金边条、人造石边框,甚至定制装饰性很强的画框,它们的运用会让高档商业展示模型上锦上添花。

通常情况下,有以下两种制作边框的方法:①用珠光灰有机玻璃板制作边框。珠光灰有机玻璃板边框色彩典雅、豪华,看上去比较俊秀。②用木边外包ABS板制作边框。用这种方法制作的边框形式各异,而且色彩效果可根据制作者的想法而定。

二、模型地形制作

模型地形的任务:①描述一个现存的自然景观中的自然地形或是被塑造出来的风景;②对城市空间的描绘;③描述了交通、绿化、水平面以及表面。

(一)表现形式

等高线地形是模型地形制作中最具表现力的表现形式。

等高线地形是用等高线表示地面高低起伏的建筑模型,在模型制作中,根据等高线的弯曲形态可以判读出地表形态的一般状况,见图7－13(a)。制作等高线地形首先要选择适当的材料,它的厚度可以按比例表示想要得到的坡度阶梯。常用材料有PVC板和KT板,见图7－13(b),木制模型可以配搭使用薄木板,这些板材厚度一般为3—5mm。

等高线地形制作过程一般如下:首先,将图纸拓印在板材上逐块切割下来,先切割位于底部的大板,后切割上层的小板;然后,将所有层板暂时堆叠起来,堆叠时应该标上结合线和堆叠序号,防止发生错乱;最后,如果知道它们非常小到足以使用部分薄木板代表山顶或其他小地域时,可在每层等高线薄木上,给坡度加上标签,以帮助计算海拔高度并且控制场地工作。

木质等高线地形也可以进一步加工程实体地形,即在叠加的木板上涂抹石膏或粘土,使地形表面显得更柔和、更真实。

(二)材料选择

模型地形制作,一定要根据地形的比例和高差合理地选择制作材料。

(三)制作精度

进行模型地形制作时,其精度应根据模型主体制作精度和模型的用途而定。

(a)

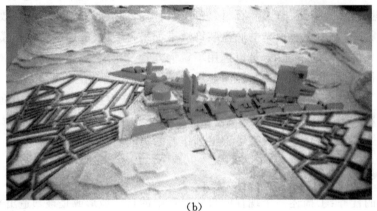

(b)

图 7-13 等高线地形模型

(四)山地地形制作方法

1. 堆积法

将山地等高线描绘于板材上并进行切割,按图纸进行拼粘。

若采用抽象的手法来表现山地,待胶液干燥后,稍加修整即可成型;若采用具象的手法来表现山地,待胶干燥后,再用纸粘土进行堆积。

2. 拼削法

取最高点向东南西北四个方向等高或等距定位,削去相应的坡度,其大面积坡地可由几块泡沫拼接而成。

三、模型道路制作

(一)道路的分类

1. 城市道路

城市道路很复杂,有主干道、支干道、街巷道等,所以在表示方法上也不一样,下面介绍几种表示方法:

(1)将白色0.5mm厚的赛璐路片裁成宽1mm以下的细条粘在道路上,给人一种边石线的感觉,这种方法适用于主、次干道。

(2)用植绒纸或薄有机玻璃片将不是道路的部分垫起来,产生一高一低之差,这样道路边线便十分清楚地显示出来,这种方法适用于街巷小路。

(3)将即时贴裁成细条贴在边石线上,弧线部分用白水粉画出来。

(4)全部用白水粉画出街巷边线。

2.乡村道路

乡村道路可用 60～100 号黄色砂纸按图纸的形状剪成。在往底台上粘时,要注意砂纸的接头,要对好粘牢,防止翘起,最好用透明胶纸在背面将接头粘牢后再粘到底台上,这样才能保证接头部分不裂缝、不翘起。

3.铁路制作

窗纱不仅能做栅栏,也可当做铁路。其制作铁路的做法如下:取不能抽动纱线的窗纱一块,染成银白色或黑色,裁成小条贴在适当的位置即成铁路。如果比例尺很大,可将有机玻璃片裁成薄的细条制作,也可裁赛璐珞板制作。

(二)1：1000～1：2000 模型道路的制作方法

一般来说,1：1000～1：2000 的模型就是指规划类模型。在此类模型中,主要是由路网和绿化构成。因此,在制作时,路网的表现要求既简单又明了。在颜色的选择上,一般用灰色。对于主路、辅路和人行道的区分,要统一地放在灰色调中来考虑,用色彩的明度变化来区别路的种类。

(三)1：300 以上的模型道路的制作方法

1：300 以上的模型主要是指展示类单体或群体建筑的模型。由于表现深度和比例尺的变化,此模型在道路的制作方法上与前者不同。在制作此类模型时,除了要明确示意道路之外,还要把道路的高差反映出来。

第三节 绿化环境的制作

一、绿地

(1)选用植绒纸做绿地时,一定要注意材料的方向性,因为在阳光的照射下,植绒纸方向的不同会呈现出深浅不同的效果,所以,在使用时一定要注意植绒纸材料的方向性。

(2)选用仿真草皮或纸类做绿地,在进行粘贴时,要注意黏合剂的选择。

(3)选用喷漆的方法来处理大面积绿地,此种方法操作较为复杂。

二、山地绿化

1.山地绿化的基本材料

山地绿化的基本材料,常用自喷漆、绿地粉、胶液等。

2.具体制作方法

山地绿化的具体制作方法如下:

(1)先将堆砌的山地造型进行修整,再用废纸将底盘上不需要做绿化的部分遮挡并清除粉末;然后用绿色白喷漆做底层喷色处理,自喷漆最好选用深绿色或橄榄绿色,喷色时要注意均匀度;待第一遍漆喷完后,再次对造型部分的明显裂痕和不足进行及时修整;修整后再进行喷漆;待喷漆完全覆盖基础材料后,将底盘放置于通风处进行干燥,待底漆完全干燥后便可进行表层制作。

(2)表层制作的方法是先将胶液(胶水或白乳胶)用板刷均匀涂抹在喷漆层上,然后将调制好的绿地粉均匀地撒在上面。在铺撒绿地粉时,可以根据山的高低及朝向做些色彩上的变化。铺撒完后可轻轻挤压,然后将其放置一边干燥。待干燥后,将多余的粉末清除,再对缺陷再稍加修整即可完成山地绿化。

三、树木

制作模型的树木有一个基本的原则,即似是非是。

圆锥体泡沫中间插上根大头针就成了高树;圆球形泡沫粘成一排就成了树墙,散开三五成群粘起来就是树丛;泡沫剪成不规则的细条,再断断续续地粘成一条线就是树篱笆;泡沫撕成薄片粘在绿地上就成了杂生树丛,而连成几片就是植被。

(一)用泡沫塑料制作树的方法

泡沫塑料主要有细孔泡沫塑料和大孔泡沫塑料,其制作程序为:染料染色,干后剪成所需的形状,牙签插进海绵。

用泡沫塑料制作树主要有抽象和具象两种树木表现方法:①抽象的树木表现方法,一般是指通过高度概括和比例尺的变化而形成的一种表现形式;②具象的树木表现方法,实际上是指树木随模型比例变化的一种表现形式。

(二)用干花制作树的方法

干花是一种天然植物,是经脱水和化学处理后形成的一种植物花,形状各异。

在用具象的形式表现树木时,使用干花作为基本材料制作树木也是一种非常简便且效果较佳的方法。

(三)用纸制作树的方法

利用纸制作树木,是一种比较流行且较为抽象的表现方法。适合表现南方热带气候植物,如棕榈、椰树、芭蕉、香蕉树等。

(四)用袋装海藻制作树的方法

在大比例模型中,袋装海藻可做成非常漂亮的观赏树。这些海藻有淡绿色、深绿色、棕红色、绛红色,不用喷漆,把它们撕成大小、形状合适的比例树形,下面插上顶端带乳胶的牙签就可以了。把它们点缀于高档别墅周围,给人以不一般的感觉。

四、树篱

树篱是由多棵树木排列组成,并通过剪修而成型的一种绿化形式。

在表现这种绿化形式时,如果模型的比例尺较小,可直接用渲染过的泡沫或面洁布,按其形状进行剪贴即可;模型比例尺较大时,在制作中就要考虑它的制作深度与造型、色彩等问题。

五、树池和花坛

制作树池和花坛的基本材料,可选用绿地粉、大孔泡沫塑料、木粉末和塑料屑等。

在选用绿地粉制作时,先将树池或花坛底部用白乳液或胶水涂抹,然后撒上绿地粉。撒完后用手轻轻按压,然后再将多余部分处理掉,这样便完成了树池和花坛的制作。

在选用大孔泡沫塑料制作时,先将染好的泡沫塑料块撕碎,然后粘胶进行堆积即可形成树池和花坛。

在选用塑料屑、木粉末制作时,要根据花的颜色用颜料染色,然后粘在花坛内,再将花坛用乳胶粘在模型中的相应位置上。

第四节 景观小品的制作

一、水面

在制作模型比例尺较小的水面时,可将水面与路面的高差忽略不计,用蓝色即时贴按其形状进行直接剪裁。剪裁后,再按其所在部位粘贴即可。

在制作模型比例尺较大的水面时,首先要考虑如何将水面与路面的高差表现出来。通常采用的方法是先将模型中水面的形状和位置挖出,然后将透明有机玻璃板或带有纹理的透明塑料板按设计高差贴于镂空处,并在透明板下面用蓝色自喷漆喷上色彩即可。

二、车辆

车辆是模型环境中不可缺少的点缀物,在整个模型中有两种表示功能。一是示意性功能,即在停车处摆放若干车辆,则可明确表示此处是停车场;二是表示比例关系,人们往往通过此类参照物来了解建筑的体量和周边关系。

1. 翻模制作法

首先,模型制作者可以将车辆按其比例和车型各制作出一个标准样品;然后,用硅胶或铅将样品翻制出模具,再用石膏或石蜡进行大批量灌制;待灌制、脱模后,统一喷漆即可使用。

2. 手工制作法

如果制作小比例的模型车辆,可选用彩色橡皮或石膏,按其形状直接进行切割;如果是大比例车辆,最好选用有机玻璃板进行制作,但先要将车体按其体面进行概括。

3. 制作步骤

车辆的做法大同小异,材料可任意选择。下面以有机玻璃旅行车为例来说明车辆的制作步骤:

(1)取 2mm 厚白色不透明有机玻璃片两块和 1mm 厚蓝色不透明有机玻璃片一块,将蓝色有机玻璃片夹在中间,用三氯甲烷粘牢。

(2)干透后,将粘好的有机玻璃片锯下一条 5mm 宽的有机玻璃条。

(3)在有机玻璃条上截下一段 15mm 的部分,并将一端磨成斜面,将另一端的四角磨圆,并在下部粘两条有机玻璃条,与车宽相同,当做车轴。

(4)用皮带冲子在黑色不干胶纸或钻石贴上打四个圆,取下衬纸贴在有机玻璃条(车轴)两端即成车轮,模型汽车即告完成。如果是大比例尺汽车,可用即时粘贴上前、后灯及门、窗等。

三、电杆、路灯

在制作小比例尺路灯时,道路两旁的路灯可用细钢丝或大头针制作。最简单的方法是将大头针带圆头的上半部用钳子折弯,然后在针尖部套上一小段塑料导线的外皮,以表示灯杆的

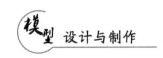

基座部分。

在制作较大比例尺的路灯时,可以用人造项链珠和各种不同的小饰品配以其他材料,通过不同的组合方式制作出各种形式的路灯。

地灯可采用文具店买的红、黄、白三色珠针(衬衣珠针)制作。

高架灯用0.5mm粗的钢丝或漆包线(回形针)弯成折线形,套入电线塑料套管中做成灯柱,喷成白色即可。

四、立交桥

1.高架立交桥

高架桥制作比较简单,只要注意把桥面与路面的接头部分处理好就算成功,这里不做过多介绍。

2.下沉立交桥

下沉立交桥做起来要比高架桥复杂,因为这种桥至少有一条路面低于地平面,在模型上就是低于底台面,因此要在底台上挖洞。

3.多层立交桥

(1)桥面制作。①取所需材料一块,将立交桥平面图绘在材料上;②按线将桥面裁下;③在圆形路面下边用相同材料连接起来,在圆形路面上方用相同材料也连接起来备用。

(2)桥墩。①按桥墩的宽、厚、高做出模型毛坯;②在毛坯一端的中间锯、割出一条直缝;③将缝隙掰开或在烙铁上加热后再掰开,即成桥墩。

(3)组装。用桥墩将桥面支起来,做出人行道、栏杆、路灯等,这样立交桥模型即告完成。

五、公共设施及标志

1.路牌

路牌是一种示意性标志物,由两部分组成,一部分是路牌架,另一部分是示意图形。

2.围栏

制作小比例的围栏时,最简单的方法是先将计算机内的围栏图像打印出来,必要时也可用手绘;然后用复印机将图像按比例复印到透明胶片上,并按其高度和形状裁下,粘在相应的位置上即可制作成围栏。

在制作大比例尺的围栏时,可以用金属线材通过焊接来制作围栏。

六、建筑小品

建筑小品包括的范围很广,如雕塑、浮雕、假山等。

(1)薄铜片。用薄铜片做浮雕很形象,但取料要薄。其做法是:按比例将铜片裁好,用刻蜡纸的铁笔在铜片的背面画成图案,翻过来用建筑胶粘在要求的位置,即成浮雕。

(2)各种吸水石。把各种做盆景用的吸水石砸成小块,用801大力胶粘成各种形状即成假山。

(3)橡皮泥。用各种颜色橡皮泥可做成很多建筑小品。

(4)粉笔。将粉笔用刻刀加工后,配上有机玻璃片底台就能做出塑像。

七、围墙、栅栏

(一)围墙

1.围墙的类型

围墙可分成实体墙与透空墙,在制作围墙模型时,可根据具体情况加以区分。

(1)实体墙。实体墙用料可选有机玻璃片、卡纸、吹塑纸等,将其裁成小条,再用揉线法或用 0.3 绘图针管笔分别画出清水砖墙、石墙等,粘在要表示的部位即可。

(2)透空墙。实际透空墙建筑千变万化,但制作模型可以和制作雕塑与小品一样,不必要求与实体一致,只要能给人一种透空墙的感觉即可。

2.围墙的制作方法

(1)缝纫机机轧法。

①取缝纫机针一根,将针头截断 5 mm 并安在缝纫机上。

②取 0.5mm 厚的赛璐珞片一张,大小随意。

③用缝纫机压脚将其压住,调好孔距,再用右手帮助缝纫机启动,左手送料,即可轧出等距圆洞直线。

④按墙高的要求,每条保存一排针孔裁下,粘在模型底台上就成了透空围墙。

(2)贴纸法。

①取 1mm 厚的透明有机玻璃片一张,大小随意,按墙高的要求裁成小条备用。

②取所需颜色即时贴一张,按裁好的有机玻璃片的宽度用软铅笔划好等距直线。

③取皮带冲子一个,其圆孔直径视围墙高度而定,在划好的直线上等距隔行打孔。

④用刀按线一条条裁下,粘在已裁好的有机玻璃条上,即做成透空墙。如果事先在透明有机玻璃上用揉线法划出栏杆,则效果更佳。

(二)栅栏

一般在制作模型时,栅栏省略不做。但有些栅栏不能省略,比如桥梁两侧的护栏、体育场看台的围栏等。

从建筑物角度看,栅栏都很细小,在模型制作上有一定的难度。完全一样不容易办到,但近似的办法还是有的。

(1)在 1 mm 厚透明有机玻璃片上视其情况划出等距平行线,将黑色、棕色等丙烯染料涂进划痕,根据栏高要求按划痕垂直方向裁下,粘在所要求的位置上即成栅栏。

(2)市场上出售的塑料窗纱有两种,一种是纱线能抽动的,另一种是不能抽动的。在制作栅栏时,要选用不能抽动的那种窗纱。具体做法如下:①取任意大小窗纱一块,染成所需颜色。用刻刀、剪刀等将窗纱剪成小条;②将窗纱条用乳白胶(乳白胶干后有一定的透明度)贴在等宽的透明有机玻璃条上,干后即成栅栏。

八、标题、指北针、比例尺

(一)有机玻璃制作法

用有机玻璃将标题、指北针及比例尺制作出来,然后将其贴于盘面上,这是一种传统的方法。用这种方法制作的标题、指北针、比例尺立体感较强、较醒目,其不足之处在于有机玻璃板颜色过于鲜艳,往往和盘内颜色不协调,另外,在制作过程中,标题字很难加工得很规范,所以,

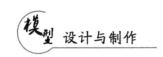

现在很少有人采用这种方法来制作标题、指北针、比例尺。

(二)即时贴制作法

目前,很多模型制作人员采用即时贴制作法来制作标题、指北针及比例尺。即时贴制作法是先将内容用电脑刻字机加工出来,然后用转印纸将内容转贴到底盘上。这种方法的加工制作过程简捷、方便且美观、大方。另外,即时贴的色彩丰富,便于选择。

(三)腐蚀板及雕刻制作法

腐蚀板及雕刻制作法是档次比较高的一种表现形式。

腐蚀板制作法是以1 mm厚的铜板作基底,用光刻机将内容拷在铜板上,然后用三氯化铁来腐蚀,腐蚀后进行抛光,并在阴字上涂漆即可制得漂亮的文字标盘。

雕刻制作法是以单面金属板为基底,用雕刻机割除所要制作的内容的金属层,即可制成。

第五节　模型色彩的配置

一、模型主体色彩

首先应特别注意色彩的整体效果。因为模型是在楹尺间反映个体或群体建筑的全貌,每一种色彩同时映射入观者眼中会产生出综合的视觉感受,若处理不当,哪怕是再小的一块色彩,也会影响整体的色彩效果。所以,在建筑模型的色彩设计与使用时,应特别注意色彩的整体效果。

其次,建筑模型的色彩具有较强的装饰性。就其本质而言,建筑模型是缩微后的建筑物。因而,色彩也应作相应的变化,若一味追求实体建筑与材料的色彩,那么呈现在观者眼中的建筑模型色彩会感觉很"脏"。

总之,建筑模型色彩的多变性既给建筑模型色彩的表现与运用提供了选择,同时又制约着建筑模型色彩的表现。所以,模型制作人员在设计建筑模型的色彩时,应着重考虑色彩的多变性。

二、绿化树木的色彩

1. **色彩与建筑主体的关系**

在处理不同类别的建筑模型绿化色彩时,应充分考虑色彩与建筑主体的关系,因为任何色彩的设定都应随其建筑主体的变化而变化。

2. **色彩自身的变化与对比关系**

这种色彩的变化与对比,原则上是依据绿化的总体布局和面积大小而变化的。

总之,在设计绿化色彩时,应合理运用色彩的变化与对比关系。

3. **色彩与园林设计的关系**

首先,要确定总体基调,总体基调一般要考虑园林模型类型、比例、盘面面积和绿化面积等因素;

其次,要确定色彩表现的主次关系,色彩表现的主次关系一般是和园林设计相一致的。

总之,绿化的色彩与表现形式、技法存在着多样性与多变性。在设计、制作园林模型时,要合理地运用这些多样性和多变性,丰富园林模型的制作,完善对园林设计的表达。

三、底盘色彩

　　地面环境是为了突出建筑主体,其色彩在纯度上要比建筑物弱。浅色的建筑可选用深色的硬地;比较深色的建筑则可用浅色的地面,不可用更深颜色的地面,以避免整体灰暗。

　　在建筑与地面之间要用中间明度来过渡,并将这些颜色紧贴建筑底部的构件,如花坛、踏步等。按一般的做法,道路比硬地颜色深,但两者为同一色相或相近明度,硬地的颜色应选用比屋顶颜色略深的相同色,这样做可取得与主体的呼应,使整体和谐统一,也加重了底盘的稳定感。如果要加强地面的层次感,可在同一明度里做色相的区分,如深暖灰色硬地配深蓝灰色道路。

　　在大比例模型中,人、车等配景的颜色因数量少可适当丰富,选一些纯度高、比较亮的颜色。在小比例模型中,如果配景数量众多,需减少颜色或选用纯度低的颜色。在明度上,应选用比地面高的绿化颜色,才能使其突出地面,产生出一种向上的感觉。任何色彩搭配都不是固定的,它们随着建筑物的颜色、底盘的大小而变化,因此,需要在制作过程中不断尝试。

第八章 模型的后期工作

第一节 后期特殊效果的处理

一、光源及电路

模型制作中使用光源及电路的目的:①模拟夜间模型的特殊效果(见图8-1);②增强模型的感染力;③清楚而生动地说明其内容;④在强烈的竞争场合吸引公众的注意力。

图8-1 夜间效果模型

(一)发光材料

1.发光二极管

发光二极管的价格低廉,电压低、耗电少,体积小,发光时无温度升高等,适于表现点状及线状物体。

2.指示灯泡

指示灯泡亮度高,易安装,易购买;但发光时温度高,耗电多,适于表现大面积的照明。

3.光导纤维

光导纤维具有亮度大,光点直径极小,发光时无温度升高等优点,但价格昂贵,适于表现线状物体。

(二)电路

模型的显示电路因各种使用情况的不同,要求也不同,其繁简程度也各异,一般分为以下几种电路。

— 138 —

1.手动控制电路

手动控制电路是通过开关来实现对发光光源的控制。

(1)并联电路。这种电路的优点是电压低,安全可靠,当某组光源中有损坏时,不影响本组其他光源的正常使用;缺点是用电电流大,需要配备变压器,因此造价高。

(2)串联电路。这种电路造价低廉,线路简单易连接,但每组光源串联电压为220V,所以电路的绝缘问题比较难处理,如果某组中有一个光源损坏,则全组都不亮。

2.半自动电路

半自动电路是通过讲解员手中的讲解棒来实现对发光光源的控制。它由控制电路发出指令,执行电路立即工作,显示电路同时发光。

二、模型的声音效果

模型的声音效果包括语音讲解系统和配音、配乐系统,程序控制、数字编译码遥控、专业采捕编辑,背景音乐和分段、分区、分时的声音效果。

模型的声音效果分三类,即扩音型、静音型和综合型三类。

三、声、光、电效果合成框架

1.概述

声、光、电效果合成框架是由一台多媒体计算机对其进行集中控制,并能够与展示大厅的音响系统、大屏幕投影设备进行配合,实现综合控制,达到综合、全面的演示效果。

2.灯光效果

灯光效果是由建筑内部效果灯、建筑外部效果灯、街道效果灯、水系效果灯、顶置照明灯、顶置追光投射灯等组成。

3.图片视频展示

图片视频展示是由图片、播放录像文件、DVD及VCD影碟等多媒体方式构成。

4.声音解说和背景音乐

声音解说和背景音乐为两条独立的声音信道,可以分别进行独立控制。

5.图片视频展示素材制作系统

图片视频展示素材制作系统由编辑制作计算机和彩色扫描仪、视频采集卡和相关软件等组成。

6.图片视频展示控制系统

图片视频展示控制系统由多媒体展示计算机配以DVD ROM完成,可以接收控制计算机通过网络发出的命令,在计算机上播放预先编辑制作的图片、视频文件、DVD和VCD影碟、说明文字等。

四、模型的气雾效果

在模型的制作中,有时也要用到气雾效果。模型的气雾效果多采用负离子发生器产生的负离子气雾来模拟。在模型的制作中,使用气雾效果往往也会达到很好的效果。

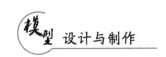

第二节　模型的监督和验收

在模型制作完成后,往往要进行模型的监督和验收。模型的监督和验收可以从以下几个方面进行:

(1)在交代图纸及制作要求时,要认真、明确、清晰,并从交流中要清楚地判断对方是否已经领会了所要表达思想的全部内容。

(2)落实具体制作的班组、场地、材料、进度等,要以硬件保证工作得以顺利开展。

(3)随时将制品放在底盘上,检查相互关系、布局、结构等情况,非常认真、专业地品味色彩感觉、模型的质感和相互间的搭配。这些环节很重要,切记对于拿不准的事要及时与双方高层管理者共同协商,并对照实物比较。

(4)基本完成后进行初检,检查层数、结构、相互关系等,看看盘面感觉如何;该表达的卖点是否都有所表现;环境、植栽是否合理;粘接是否牢固等;觉得没有问题就可以请上司过目并做最后的现场验收。这样一来,许多工作就会轻松很多,压力也会小很多。

(5)模型的制作表达过程有时也是很感性的,不可能在协议中详尽地罗列出更多的要求,尤其是感性的内容方面,所以选择与合适的管理人、公司合作,再加上"盯"的功夫,才能保证有一个满意的结果。结果好,一切都好,模型制作的情况也是如此。

第三节　模型的拍摄

一、摄影器材

模型摄影一般使用单反相机,主要是为了便于构图和更换镜头。拍摄时,一般使用135相机50mm标准镜头即可。

二、构图

在拍摄模型时,无论是拍摄全貌还是局部,都应以拍摄中心来进行构图,通过取舍把所要表现的对象合情合理地安排在画面中,从而使主题得到充分、完美的表达。

三、距离与角度

1.距离

任何模型的细部制作都有一定的缺陷,在拍摄照片时,相机与模型的距离不能太近,否则会使细部制作与其他缺陷完全暴露,同时也会因景深不够而使照片近处或远处局部变虚。如果模型较小,拍摄距离最好大于1.2m;如果模型较大,则以取景框能容下模型全貌为准。

2.角度

拍摄视角的选择是拍摄模型的主要环节。在选择视角时,应根据模型的类型来进行。例如,用来介绍设计方案、供人参观等模型,可采取低视点拍摄,以各角度立面为主,这主要是因为低视点的照片更接近人眼的自然观察角度,更符合人们的心理状态;用于审批、存档等模型,则以鸟瞰为主,使照片能反映出规划布局或单体设计的全貌,意在一目了然。

3. 视点

在拍摄规划模型时,一般选择高视点,以鸟瞰为主,因为规划模型主要是反映总体布局,所以,要根据特定对象来选取视点进行拍摄,从而使人们能在照片上一览全局。

在拍摄单体模型时,一般选择的是高视点和低视点拍摄。当利用高视点拍摄单体建筑时,选取的视点高度一定要根据建筑的体量及形式而定。如果建筑物屋顶面积比较大,而高度较低,则选择视点时可略低些,因为这样处理便可减少画面上屋顶的比例。反之,在拍摄高层且体面变化较大的建筑物时,选择的视点可略高些,因为这样可以充分展示建筑物的空间关系。

利用低视点拍摄单体建筑,主要是为了突出建筑主体高度及立面造型设计。

总之,在拍摄模型时,一定要根据具体情况选择最佳距离和视角。无论怎样拍摄,都要有一定的内涵和表现力,并且构图要严谨,这样的照片才有收藏价值。只有这样,才能充分展示模型外在的表现力。

四、光源

模型拍摄所采取的光源有两种,一种是利用自然光进行拍摄,另一种是利用人造光源进行拍摄。

室内模型的拍摄主要是以人造光源为主,人造光源一般分为主光和辅光两类。

在室外拍摄模型也很有味道,其采取的光源主要是自然光,室外光线充足,在阳光直接照射下的模型,其光影效果十分强烈,色调更加鲜明,再配上实地的树丛、草地、雪景或一个特造环境,能使照片更活泼、更有实际感。

五、背景

在模型被拍摄后,还要进行背景处理。背景处理一般有两种作用,一是改善拍摄环境;二是利用背景来烘托气氛。

六、照片后期制作

照片的后期制作分为两种情况。一种情况是由于前期构图缺陷而需要进行后期制作;另一种情况是用后期制作来改变原有的背景,使照片更富有艺术表现力。

第四节 模型的后期管理

一、模型的包装与运输

按照中华人民共和国行业标准《模型设计成品包装运输技术规定》(HG/T20579.3—1999)的规定,模型运输应该满足以下要求。

(一)成品模型包装运输的基本要求

成品模型包装运输的基本要求如下:①安全可靠;②坚实牢固;③防震措施;④防潮防尘;⑤随运检查。

(二)包装运输对模型设计制作的技术要求

(1)模型底盘的外形,以矩形为宜。外形尺寸的控制要适应装载工具的规定。陆路运输每块模型的外形尺寸应控制在 1590mm×1200mm×1000mm 以内；航空运输每块模型的外形尺寸应控制在 1200mm×900mm×800mm 以内。

（2）按模型的类别，选择适宜于模型包装的底盘结构。工艺装置管道模型的底盘，应采用可卸式或折叠式支脚的支撑结构；总体布置模型或建筑模型的底盘，应采用不带支脚的托盘式结构。

（3）当模型厂房或框架总高度超过 1200mm 时，应采取分层制作，分层的高度应控制在 800～1200mm 范围内。

（4）模型厂房或框架与底盘组合时，要求粘接牢固，必要时应在关键部位用螺栓固定，防止运输过程中产生松动或脱落。

（5）模型设备的高度，要求控制在适合于包装运输允许的尺寸范围内，当设备安装后的模型总高度超过 1200mm 时，应采取设备模型分段制作或暂不与底盘固定（运输时考虑单独包装）的办法。

（6）高大模型设备的安装除采用粘接固定外，其设备基础应用螺栓作加强定位。

（7）模型管道的安装，应考虑模型在装卸和运输过程中的防震需要，在易受震荡脱落的部位，应增设模型支吊架或支撑件作预防性加固。

（8）模型管道系统的部件或附件在组装时，应配合紧密、粘接牢固，并在包装运输前对易松动的部位来用黏结剂作二次粘接，以增加连接牢度，防止松动脱落。

（三）模型包装箱的设计及制作

（1）模型包装箱的尺寸应以模型的实际外形尺寸为基准，每边放大 20～30mm 作为包装箱内壁的净空尺寸，放大部分作为模型防震衬垫材料的空间。模型包装箱外形尺寸的高度宜取相同尺寸，以便于运输叠装。

（2）模型包装箱的结构应选择方木框架与木板组合形式，箱体外四角用条形铁皮加固，箱体底部应设置枕木并用螺栓固定，以保证包装箱有足够的牢固性。包装箱一般从顶部开闭为宜，当模型高度超过 1000mm 时，包装箱可采用侧面箱板开闭方式，供开闭的箱板应采用木螺钉固定，以便于开闭操作。

（3）模型包装箱的主要材料。包装箱面板选用 12～15mm 厚的木质板材（或机制板）制作，箱体的框架材料应选用不小于 30mm×50mm 的方木，箱底的枕木应选用不小于 50～100mm 的方木。

（4）包装辅助材料。固定模型的压条，应选用 30mm×50mm 优质木条；防震衬垫材料应选用 20～30mm 厚的聚苯乙烯硬泡沫塑料板材；防潮与防尘材料，可选用油毛毡或塑料薄膜覆合在箱体内壁，并采用 0.05～0.1mm 厚的塑料薄膜防尘罩。

（四）模型装箱准备

（1）全面检查与加固。模型上凡是安装连接易脱落部位，都必须进行二次粘接加固，必要时增设临时支撑件，确保模型连接体安装的稳定性与牢固度。

（2）模型编号与复位标记。每块模型与包装箱均应按次序编号，并绘制一份整体拼装示意图。模型厂房的分层面及设备的分段面均应做好加固处理和开箱组装的复位标记。

（3）模型底盘支脚。模型底盘的可卸式支脚应统一做好复位标记，若支脚规格统一，有互换性，则可集中装箱。一般情况下，支脚应分别随分块模型装箱为宜。

（4）清洁工作。完成了全面检查及加固工作后，应进行一次成品模型的清洁处理，除掉模型上的尘渍和加固过程中的散落物,并固定防尘罩。

(五)成品模型包装的要求

(1)包装的程序。

①包装箱质量检查和内部清理;

②箱底衬垫防震材料;

③成品模型入箱;

④模型底盘四边衬垫防震材料及固定;

⑤检查装箱质量;

⑥放入装箱清单;

⑦封箱;

⑧包装箱外壁,喷刷或书写运输标记。

(2)用聚苯乙烯硬泡沫塑料板材衬垫模型底部及四个侧边。

(3)成品模型从顶部装箱时,应采用绳索作为吊装工具,绳索应随模型一起置于箱内;模型底盘支脚应先于模型入箱,放置在模型底部;其他需随箱包装的部件及清单应放置在适当的位置并相对固定。

(4)成品模型及部件全部入箱并衬垫稳妥后,选择恰当的部位用木质压条将模型与包装箱底压紧定位,保证运输中模型及部件在箱内不会移动。

(5)成品模型在装箱过程中,对于受震动易脱落的部件,可用轻质泡沫塑料块衬垫,并用胶带作临时固定,以防搬运途中摇晃倒置,切忌采用泡沫小球等防震材料进行整箱填充式包装。

(6)箱内物件全部装好、固定并核查无误后,进行模型封箱。箱盖应用木螺钉固定,箱盖与箱内模型顶部应有一定的空间,防止箱盖受压后损坏模型。

(7)模型包装箱外壁应符合运输的有关规定,喷刷醒目的"小心轻放、防潮、防硒、不准倒置"等标志符号以及包装箱编号,正确书写发货单位及收货单位名称及地址。

(六)模型运输

(1)运输方式。通常情况选择铁路运输和公路运输方式为宜,需要长途运输的大型装置模型,应选择集装箱包装运输,其安全可靠性较其他散装方式为好。应当选择汽车运输时,必须在车厢内用沙袋做压重处理,以提高运输途中的稳定性。

(2)运输路线。模型运输路线应选择能用一种运输工具直接到达目的地的路线为宜,尽量避免或减少中途转运。

(七)模型开箱

(1)模型开箱程序。

①检查模型箱体外观,确认完好无损;

②开启箱盖;

③拆除箱内模型压条及临时加固设施;

④取出模型;

⑤修复模型脱落的部件;

⑥模型校核;

⑦清除灰尘;

⑧模型拼装;

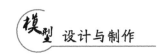
⑨移交用户。

（2）模型开箱应按编号程序，逐箱单独开箱，待已开箱的模型复位、清理、整修、校对无缺损后，方可将包装箱丢弃。

（3）分层分段的模型，应按包装时的标记复位，并清除包装运输所设的标记和临时加固件，对脱落部位用黏结剂做永久性固定。

（4）单块模型全部复位、整修、清理完毕后，可将成品模型搬进存放室，进行整体拼装，然后再进行一次整体校核，确认无误后，移交用户。

二、模型的保存

模型的保存期很短，可用纸、布、塑料布等把模型盖好，防止落灰；

模型的保存期稍长，可用硬纸板、塑料布等做一个防尘罩；

模型的保存期很长，可用 2～5mm 厚的平板玻璃粘成一个防尘罩。

无论模型的单独保存还是集中保存，都要注意防潮、防晒、防高温。

第五节　模型作品的欣赏

1. 设计方案本身要精彩

设计方案本身的精彩是判定一个模型是否精彩的第一要素。

2. 色彩要和谐

一个模型色彩的整体设计，要充分体现出模型设计师的艺术修养。

3. 质感要强

质感问题在很大程度上说明模型的真实程度问题。

4. 做工要精细，层次要分明

做工精细包括模型主体制作和细部的表现都不能粗糙。

5. 比例关系要准确

同一个模型内，模型与模型、配景与配景、模型与配景之间的比例关系大体应该一致。

6. 气氛渲染的效果　.

在商业模型中，气氛的渲染是至关重要的。

当然，一件模型作品由于观察者不同，其评价也不同，这与观察者的自身艺术修养有极大的关系。作为观察者，应该视野开阔、博学多闻，具备良好的文化修养、艺术修养，才能有较高的欣赏水平。

图 8-2 至图 8-45 为一些模型作品的图片，请读者欣赏。

图 8 - 2

图 8 - 3

图 8-4

图 8-5

图 8-6

图 8-7

图 8-8

图 8 - 9

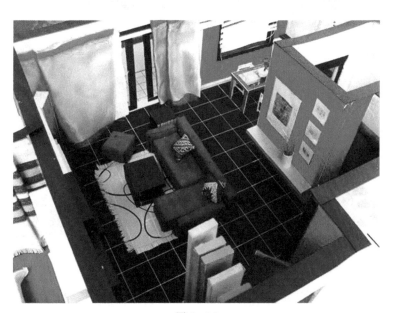

图 8 - 10

图 8 - 11

图 8 - 12

图 8 - 13

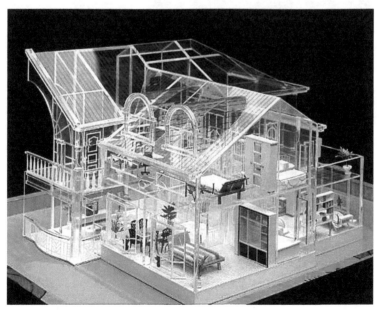

图 8 - 14

图 8 - 15

图 8 - 16

图 8 - 17

图 8 - 18

图 8-19

图 8-20

图 8 - 21

图 8 - 22

图 8 - 23

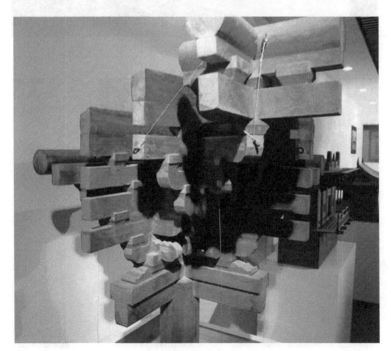

图 8 - 24

图 8 - 25

图 8 - 26

图 8 - 27

图 8 - 28

图 8 - 29

图 8 - 30

图 8 - 31

图 8 - 32

图 8 - 33

图 8 - 34

图 8 - 35

图 8 - 36

图 8 - 37

图 8 - 38

图 8 - 39

图 8-40

图 8-41

图 8 - 42

图 8 - 43

图 8 - 44

图 8 - 45

第九章 模型设计制作训练

1. 训练目的

为学习运用综合材料设计制作实体模型（见图9-1），了解常用的材料及材料的加工工具，熟练掌握模型设计制作的程序及工艺。

图9-1 实体模型

2. 课题的确定

用现成的图纸或自己模拟某一房地产建筑进行设计。

（1）采用现成的建筑图纸时，可根据自己的设计观进行适当的调整修改，然后重新绘制的平面图、立面图和剖面图。绘制好后进行校正，然后按适宜的比例进行微缩。

（2）已模拟某一建筑设计时，应根据建筑的设计方法进行设计。当设计方案完善后，绘制建筑的平面图、立面图和剖面图，绘制好后进行校正，然后确定适宜比例进行微缩，再重新绘制制作模型的平面图、立面图和剖面图。

训练一 房地产及环境景观模型

（1）比例。根据建筑和周围环境的占地面积、建筑实际的立体尺寸，确定了该模型比较小的比例尺寸为1：2000。

（2）规格。模型的规格为1000cm×600cm。

（3）材料的选择。首先确定建筑的主体材料，选用有机玻璃、塑料材料；底盘采用胶合板，用水粉纸做地面,绿化选用木粉末、海绵、染色后使用,花坛用 ABS 塑料板等。

(4)色彩的确定。根据建筑原色彩设计方案来确定模型的颜色。主体楼用白色,地面用中灰色,公路上的道行线用白色,草坪、树和花坛用深浅不同的绿色。

(5)工具的选择及使用。根据该建筑楼层多,比例尺寸大,制作要求准确、精致的特点,选用高科技的工具——电脑雕刻机。首先将有机玻璃塑料板截成与雕刻台的工作面大小相宜的块面,然后用双面胶条粘贴在工作台上。用电脑建筑表现图技术的方法建立设计方案的电脑三维模型,然后将该模型数据输送到联机的电脑雕刻机上,启动机器,将建筑的每个面及洞口全部准确、精致切割出,修整后,再按立面图用氯仿粘接。该模型的底盘采用胶合板制作,用精致加工好的木条做底盘的边框。地面是选用一张灰蓝色的水粉纸装裱在底盘上。地面上人行道的制作,是选用 ABS 塑料板烘软后碾压出仿人行道的肌理效果,然后用 502 胶、立时得胶将建筑实体粘在底盘上。

(6)其他部件的制作。树坛是用 ABS 塑料条根据微缩后的尺寸制作坛体,内涂白胶,再撒上处理好后的草粉粒,然后用海绵制成的树涂上立时得胶粘在树坛上。圆形屋顶和圆柱是用热压成型的方法制成。

(7)主要材料的修整。用电脑切割出的各个面的板块不能立即粘合,必须用手工工具进行修整。最好选用什锦锉和手术刀很精心地去修整,修整后在再进行粘合。在制作中需要注意实体边角的修整,在边角接缝中,应力求精致完美,将要黏合的边用切割机切成 45°。

(8)检验调整模型。全部做好后,要对照图纸依次进行检验。不妥之处,进行修改,直到符合要求为止。待检验合格后,应用清洁工具对模型的外表进行清洁整理,不允许有加工的碎料、污垢、灰尘等,然后罩上透明罩保护模型。

训练二 群体规划模型

(1)比例。根据图纸的要求,确定模型的比例为 1:500。

(2)规格。模型的规格为 2200cm×1800cm。

(3)模型制作。根据规划中的不同区域进行分析,既要对规划整体有全面的了解,又要对单体元素的功能、风格等具体了解,然后进行选材。

(4)材料的选择。规划模型材料的选择要考虑整体效果,所以以 ABS 工程塑料材料为主,以有机玻璃材料为辅。底盘采用 ABS 工程塑料材料和胶合板,地面选用接近地面颜色的有色卡纸,绿化带采用绿色绒纸,树木则选用细致染色的海绵制成。

(5)模型的色彩。色彩的选用是根据原色彩设计而定。楼群采用白、蓝和土黄三种主色,地面选用浅蓝灰色,水面用蓝色,草坪、树和花坛用深浅不同的绿色。

(6)工具的使用及制作。首先将总体平面图转绘到模型的底盘上,然后将各平面尺寸和立面尺寸转绘到 ABS 工程塑料材料和有机玻璃材料上,将建筑的各个立面中窗格子尺寸绘出,用电动切割机进行切割,同时进行手工切割,将要做成建筑体块的每一个面四边切成 45°。在制作转角弧形体时,将裁好的板材放入鼓风电热恒温干燥箱内烘软,放在所需弧面的模具上压制冷却后成型。然后将各个面进行粘合,再根据建筑的不同颜色选用喷漆进行楼体色彩的处理。

(7)其他部件的制作。小雕塑是用 ABS 工程塑料雕刻而成,水面用蓝色卡纸。小汽车是用双层有机玻璃根据车体修整粘接成型。

(8)粘接。根据不同的材料选用黏结剂。ABS工程塑料材料和有机玻璃材料的黏结剂是氯仿,胶合板和ABS工程塑料的粘接用乳白胶或立时得胶,纸与其他材料的粘接可选用双面胶。

训练三　园林建筑及绿化模型

(1)比例。园林单体建筑模型制作以较大为宜,所以确定模型的比例为1∶200。

(2)规格。模型的规格为1000cm×1000cm。

(3)模型制作。根据园林建筑的功能和整体风格进行材料选择、制作和艺术处理。

(4)材料的选择。建筑主体选用木质材料,地面和草坪用细锯木粉材料,树木用塑料材料和绢纸材料。

(5)色彩的选用。建筑的色彩用木质色,地面和草地用深浅不同的绿色,树木用中黄色。

(6)工具的使用及制作。首先将建筑平面尺寸和立面尺寸绘在材料上,然后将建筑的每一个立面和栏杆上的图案用雕刻刀或手术刀雕刻出来,建筑顶部用细木条裁好、修好后,粘接在房顶的底板上,然后将建筑的各个面进行粘接。

(7)模型的艺术处理。由于是园林建筑,建筑体面结构比较复杂,所以在制作工艺上要非常精细,在材料和色彩的选择上要充分考虑园林建筑的特点。

训练四　小别墅及环境景观模型

(1)比例。由于别墅是单体建筑,模型结构要表现得细致,模型制作以较大为宜,故确定模型的比例为1∶100。

(2)规格。模型的规格为1000cm×800cm。

(3)模型制作。根据别墅的功能和整体风格进行比例确定、材料选择、色彩运用、制作和艺术处理。

(4)材料的选择。主体采用ABS工程塑料材料,窗户选用有机玻璃,地面用卡纸,草坪用绒纸,花坛和树木用海绵材料。

(5)色彩的选用。建筑的色彩选用绿色系列,顶部采用深灰绿色,建筑的立面用浅灰绿色,地面用中灰绿色,草坪、花坛和树选用不同深浅的绿色。

(6)工具的使用及制作。首先将建筑平面尺寸和立面尺寸绘在材料上,然后将建筑的每一个面用电动切割机和手工进行切割,建筑立面上的窗格子用手工刻出,然后用有机玻璃模拟玻璃窗粘在窗户位置上,再将ABS工程塑料板裁成细条状,精细修整后,然后粘在窗格子结构上。

(7)模型的艺术处理。别墅模型无论从比例的确定、材料的选择、色彩的选用和制作等方面,都要根据审美的原则,艺术地再现真实建筑。

参考文献

[1]安斯加·奥斯瓦尔德.建筑模型[M].沈阳:辽宁科学出版社,2008.

[2]米尔斯.设计结合模型制作与使用建筑模型指导[M].天津:天津大学出版社,2007.

[3]波特等.建筑超级模型[M].北京:中国建筑工业出版社,2002.

[4]洪慧群,杨安.建筑模型[M].北京:中国建筑工业出版社,2007.

[5]郑建启,汤军.模型制作[M].北京:高等教育出版社,2007.

[6]朴永吉,周涛.园林景观模型设计与制作[M].北京:机械工业出版社,2006.

[7]李映彤,汤留泉.建筑模型设计与制作[M].北京:中国轻工业出版社,2010.

图书在版编目(CIP)数据

模型设计与制作/李君宏,刘凯编.—西安:西安
交通大学出版社,2017.9(2023.2重印)
ISBN 978 - 7 - 5605 - 5984 - 1

Ⅰ.①模… Ⅱ.①李…②刘… Ⅲ.①模型(建筑)-
设计-教材②模型(建筑)-制作-教材 Ⅳ.①TU205

中国版本图书馆 CIP 数据核字(2014)第 019512 号

书　名	模型设计与制作
主　编	李君宏　刘　凯
责任编辑	王建洪
出版发行	西安交通大学出版社
	(西安市兴庆南路 1 号　邮政编码 710048)
网　址	http://www.xjtupress.com
电　话	(029)82668357　82667874(市场营销中心)
	(029)82668315(总编办)
传　真	(029)82668280
印　刷	西安五星印刷有限公司
开　本	787mm×1092mm　1/16　印张 11　字数 262 千字
版次印次	2017 年 10 月第 1 版　2023 年 2 月第 3 次印刷
书　号	ISBN 978 - 7 - 5605 - 5984 - 1
定　价	39.80 元

如发现印装质量问题,请与本社发行中心联系。
订购热线:(029)82665248　(029)82667874
投稿热线:(029)82668133
读者信箱:xj_rwjg@126.com